智能媒体传播新技术系列教材

# Qt C++ 创意编程

李传珍 蔡娟娟 编著

中国传媒大学出版社
·北京·

**图书在版编目（CIP）数据**

Qt C++ 创意编程 / 李传珍，蔡娟娟编著 . -- 北京：中国传媒大学出版社，2025. 5.

（智能媒体传播新技术系列教材）.

ISBN 978-7-5657-3942-2

Ⅰ. TP312.8

中国国家版本馆 CIP 数据核字第 20253X4034 号

**Qt C++ 创意编程**

**Qt C++ CHUANGYI BIANCHENG**

| | | | |
|---|---|---|---|
| **编　　著** | 李传珍　蔡娟娟 | | |
| **责任编辑** | 于水莲 | | |
| **责任印制** | 李志鹏 | | |
| **封面设计** | 艺点锦秀 | | |
| **出版发行** | 中国传媒大学出版社 | | |
| **社　　址** | 北京市朝阳区定福庄东街 1 号 | **邮　　编** | 100024 |
| **电　　话** | 86-10-65450528　65450532 | **传　　真** | 65779405 |
| **网　　址** | http://cucp.cuc.edu.cn | | |
| **经　　销** | 全国新华书店 | | |
| **印　　刷** | 唐山玺诚印务有限公司 | | |
| **开　　本** | 787mm×1092mm　1/16 | | |
| **印　　张** | 16 | | |
| **字　　数** | 334 千字 | | |
| **版　　次** | 2025 年 6 月第 1 版 | | |
| **印　　次** | 2025 年 6 月第 1 次印刷 | | |
| **书　　号** | ISBN 978-7-5657-3942-2 | **定　　价** | 59.00 元 |

**本社法律顾问：北京嘉润律师事务所　郭建平**

# 总 序

随着第四次工业革命浪潮的到来，人工智能技术正以前所未有的深度重构媒体信息传播的底层逻辑。从4K/8K超高清视频的实时云端渲染，到基于深度学习的内容生成；从万物互联时代的智能终端交互，到5G/6G网络下的沉浸式传播，传统媒体生态正在经历系统性变革。这种变革不仅催生出智能媒体内容产业的新范式，更对兼具技术创新能力与系统思维的复合型人才提出了迫切需求。在此背景下，中国传媒大学教材建设中心立足国家推进国际传播战略需求，汇聚产学研顶尖力量，历时三年精心打造了智能媒体传播新技术系列教材。

本系列教材共12部，系统构建了“基础工具—算法实践—垂直应用—系统集成”四维层次递进的知识体系，形成了完整的智能媒体传播新技术培养闭环。《Qt/C++创意编程》与《计算机与媒体应用基础》构成了媒体应用开发的基础工具——前者通过Qt框架的可视化开发，培养开发者界面设计与人机交互的核心素养；后者系统梳理了数字媒体处理的理论与工程框架，为后续学习筑牢根基。《智能科学技术概论》系统阐述了智能科学技术的理论基础、关键技术及传媒领域的创新应用，聚焦智能媒体技术的交叉融合与发展趋势。作为承前启后的《算法应用与实践》，突破了传统教材的理论局限，通过图像识别、语音处理等典型项目，搭建起数学模型与工程落地的实践桥梁;《数据库原理与应用教程》立足数据库技术发展前沿，全面涵盖关系数据库和NoSQL数据库的核心原理、技术特点、适用场景及应用选型策略，助力算法高效实现;《传媒数据统计分析》着力培养读者的“统计思维”，掌握将看似冰冷的数据转化为传播策略、用户理解与市场预判的智慧指南针，最终在数据驱动的传媒新时代赢得竞争力。

在垂直应用领域，《智能视频处理》《智能音频处理》《智能媒体推荐》《智能影像技术》四部教材形成了技术矩阵。其中，《智能视频处理》聚焦多模态数据融合与超分辨率重建技术，《智能音频处理》深入声音识别与三维立体声处理算法，《智能媒体推荐》叙述深度强化学习的演进和发展，展现算法迭代的技术脉络，《智能影像技术》则聚焦智能影像获取、加工与特效技术，并贯通传输与显示环节，融合理论与实践的双重维度。这四部教材既保持各自的技术纵深，又通过案例库实现横向贯通，完整覆盖智能媒体内容生产全链条。

面向未来网络生态的《5G/6G 媒体通信技术》，系统解析网络切片、边缘计算对媒体传输技术的革新，同步探讨沉浸式媒体的低时延传输方案；《智能装备与系统概论》则以工业物联网为视角，揭示演艺舞台智能与装备系统的应用设计思想。这两部教材共同构建起“端—边—云”协同的系统框架，帮助学习者建立解决复杂系统工程问题的思维视角。

作为数字媒体技术、人工智能、智能视听工程等专业的核心课程群，本系列教材既可支撑“智能 +”专业群的课程体系建设，亦可作为传媒技术从业者向智能化转型的知识引擎。期待这套凝聚学界智慧的系列教材，能为我国智能媒体创新人才的培养注入持久动能。

**丛书编委会**

# 前　言

PREFACE

随着人工智能、深度学习、云计算、大数据技术等新兴技术的发展，程序设计能力的培养逐渐成为各阶段教育的重要目标之一。程序设计训练是锻炼创新能力和培养科学思维的重要方式之一，可以有效提升思维的逻辑性和完整性，使接受训练者在学习和工作中终身受益。

为了从起步阶段向人工智能架构、数据平台、图像处理系统、分布式系统、游戏辅助等 C/C++ 语言的典型应用迈进，多年来我们一直尝试引导学生基于 C/C++ 语言设计小型桌面程序，希望引领学生们初步领略多姿多彩的未来应用。基于 Qt 进行桌面应用开发实践，其跨平台、丰富易用的界面开发库等优势使其成为程序设计训练的优选。本书是一本入门指南，提供既具有趣味性、基础性、实战性，又具备理论或原理支撑的案例，有助于读者在学习书中案例的基础上发挥无限想象，创造性地实现创意应用。

## 本书适用人群

本书适用于具备一定编程基础的学生或编程爱好者。为了充分理解本书中的术语和知识点，读者需要对 C++ 面向对象思想、数据结构等有基本了解。

## 本书主要内容

本书以理论与实践结合的方式深入讲解了 Qt 开发框架的基本知识和编程实践，以完成实际案例为指引，讲述了以下内容：

第 1 章　概述。介绍 Qt 程序开发框架及其特性、下载和安装；以 HelloWorld 项目为例，介绍如何建立项目、发布可执行文件。

第 2 章　Qt 窗口、控件与容器。介绍 Qt 程序开发框架中的三个窗口基类及其使用，之后通过 9 个应用实例详细讲解常用控件和容器的使用方法。

第 3 章　记事本。通过模拟 windows 自带的“记事本”设计并实现“MyNotes”记事本，帮助读者掌握 Qt 文件操作。

第 4 章　绩点计算器。通过设计并实现“绩点计算器”，带领读者逐步熟悉数据库的原理、数据库建立和操作等。

第 5 章　图形图像编辑器。通过设计一款“MyPicture”应用程序，熟悉 Qt 图形图像操作。

第 6 章　网络聊天室。通过设计一款“网络聊天室”应用程序，熟悉 Qt 网络开发。

## 本书主要特色

在编写中，本书力求凸显以下特色：

1. 案例具备实用性或行业特色。本教材的案例既包含和学生学业密切相关的“绩点计算器”，也包含“影视大数据”“图形图像操作”“网络通信”等媒体特色鲜明的实例。

2. 内容具备强实践指导性。本教材的内容围绕主要案例展开，对基础理论知识的阐述力求简洁明了，对案例的讲解遵循“可复现可复用”的原则，力求在读者理解原理的基础上，跟随教程即可以成功复现案例。基于教材的几大案例，读者可以创新组合形成新的桌面应用程序。

## 下载实例代码

网盘链接：https://pan.baidu.com/s/11SuORmKCAw9utmjaixpW5Q，提取码：qtbk。

# 目　录

CONTENTS

# 第 1 章　概　述

**本章学习目标**

- 了解 Qt 开发框架的特性。
- 掌握 Qt 开发框架的下载与安装方法。
- 能够建立第一个简单项目。
- 了解 Qt 项目的发布。

本章首先介绍 Qt 开发框架及其特性，之后详细介绍如何下载和安装 Qt 开发框架；以 HelloWorld 项目为例，介绍如何建立项目，并详细说明项目中各文件的作用；最后介绍发布 Qt 项目所需的工具，以及将 Qt 项目发布为可执行文件（*.exe）的方法。

## 1.1　Qt 简介及其特性

Qt 是一个跨平台的 C++ 图形用户界面应用程序开发框架。它既可以开发 GUI 程序，也可用于开发非 GUI 程序，比如控制台工具和服务器。除了对 C++ 语言的支持，Qt 已经做到完全支持 Python 语言编程（Qt for Python）。一些著名的软件都使用 Qt 开发，如 WPS、Skype、谷歌地图、Photoshop Album 等。总的来讲，Qt 已广泛应用于桌面程序开发、嵌入式开发。

Qt 拥有很多良好的特性，包括优良的跨平台特性、支持面向对象编程、有丰富的 API 等。优良的跨平台特性指的是 Qt 支持非常多的平台，包括 Windows、GNU/Linux、Mac OS X、Android、iOS、WinCE、Unix 家族等。Qt 对面向对象编程的支持体现在其拥有出色的封装机制，模块化程度非常高，由此带来了优秀的可重用性，这一点十分有利于用户开发。Qt 还提供了一种被称为 signals/slots（信号 / 槽）的安全类型来替代 callback（回调），大大简化了各个组件之间的协同工作机制。Qt 提供了多达 250 个以上的 C++ 类，还提供基于模板的 collections（集合工具类）、serialization（对象序列化）、

file（文件操作）、I/O device（输入输出设备通用接口）、directory management（目录管理）、date/time（日期 / 时间）类，甚至还包括正则表达式的处理功能。

除此之外，Qt 还支持 2D/3D 图形渲染，支持 OpenGL 支持用户自定义控件，支持 Qt 主题等。为了便于用户开发，Qt 还具备大量的开发文档 XML 支持。

Qt Creator 是一个用于 Qt 开发的轻量级跨平台集成开发环境。Qt Creator 使用方便，即使是第一次接触 Qt 框架的开发人员，也能迅速上手。即使不开发 Qt 应用程序，Qt Creator 也是一个简单易用且功能强大的 IDE。

## 1.2 Qt 开发环境安装

2020 年 12 月，Qt 公司正式发布了 Qt 6.0。Qt 6.0 主要更新的内容包括：使用了 C ++ 17；采用了新的图形架构；支持 CMake 和 QMake 构建系统；支持下一代 QML（一种基于 JavaScript 的声明式语言）；在 Qt Quick（一种高级用户界面技术，可以轻松创建供移动和嵌入式设备使用的动态触摸式界面和轻量级应用程序）中统一 2D 和 3D 操作等。2021 年下半年，Qt6.2 LTS 版本发布，成为 Qt 6 系列中第一个提供长期支持的商业授权版本。Qt6.2 LTS 包含了 50 多个过去使用广泛的 Qt 附加模块，支持模块总数超过 50 个，并且成为 Qt 6 系列第一个商业授权版本，提供长期支持。如果希望获取更多关于 Qt 6 的信息，可以访问 https://www.qt.io/product/qt6 。

### 1.2.1 Qt 的下载

目前的 Qt 版本不支持离线安装包安装，只支持在线安装，或者下载源码自行安装。如果需要下载离线安装包，可以访问 https:// download.qt.io/ archive/ online_installers/ 寻找适合的版本。本教程将以新版的 Qt 为例讲述如何进行下载和安装。

首先，可以打开网址 https://www.qt.io/download，点击“Go open source”下载 Qt 的开源免费软件（见图 1–1）。按照在线方式下载安装 Qt 会将编译环境和 IDE 同时下载安装，不需要单独下载编译器。

之后，登录自己的 Qt 账号。如果您有已验证的账号，请点击右下角的“立即登录”直接登录；如果没有已验证的账号，必须注册后登录才能访问下载页面。需要的注册信息如图 1–2 所示。

登录 Qt 官网后，适合您操作系统的安装文件下载会自动开始。如果您希望自行选择不同的版本，可以在图 1–1 中点击“View Qt product map”，进入图 1–3 所示选择器，自行选择不同的 Qt。

图 1-1　开源软件下载

图 1-2　注册页面

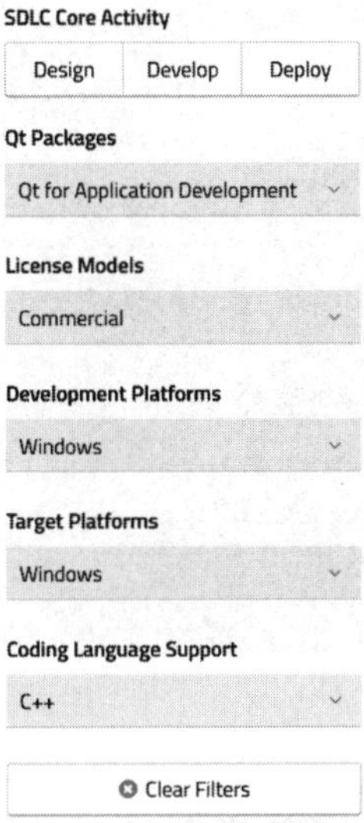


图 1-3　选择不同设置的 Qt 下载

## 1.2.2　Qt 的安装

接下来，双击下载好的在线安装包进行安装。笔者下载的版本为 qt-unified-windows-x86-4.1.1-online.exe，双击后即可进入安装流程。按照图 1-4 所示要求输入用户的账号和密码。这里的账号和密码与前述下载离线版本的相同。

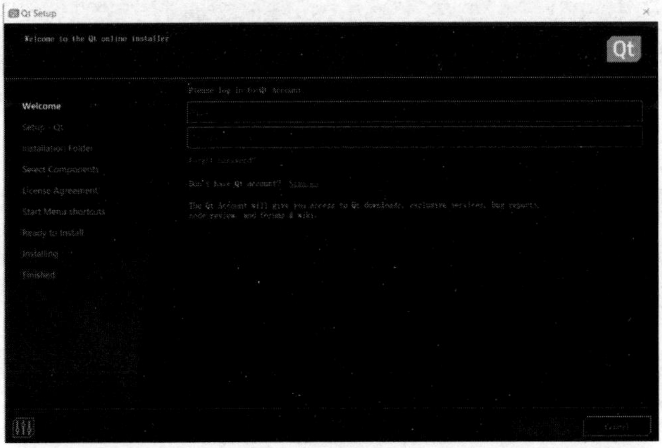


图 1-4　登录 Qt 账号

按照图 1–5 的提示，选择已读且确认接受使用开源 Qt 的责任与义务，并且选择个人用户（并非商业用户或公司用户）。点击“Next”之后即可进入图 1–6 所示的 Qt 安装包元信息查询阶段。

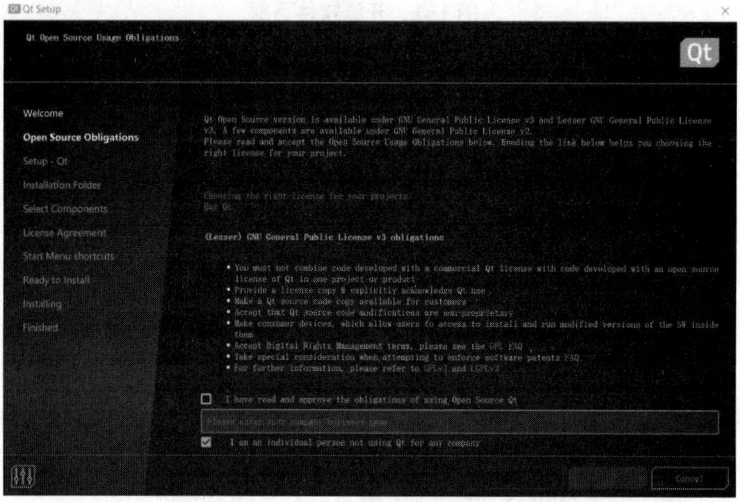


图 1–5　开源软件使用责任

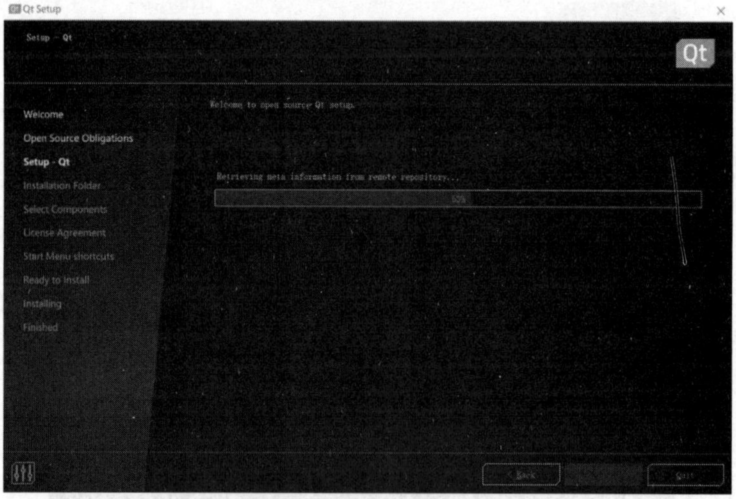


图 1–6　Qt 安装包元信息查询

之后，按照提示选择是否参加 Qt 的用户信息收集。选择“Help us to improve by enabling sending pseudonymous usage statistics in Qt creator”将会以匿名方式向 Qt 提交个人的使用情况统计数据（见图 1–7）。

点击“Next”之后，就可以选择安装目录了，如图 1–8 所示。笔者将其安装在“C:/Qt”下，且选择其中的桌面应用开发选项。值得一提的是，本教程的实例全部围绕桌面应用开发进行，希望进行移动开发或嵌入式开发的读者，可以参考更多其他相关书籍或教程。

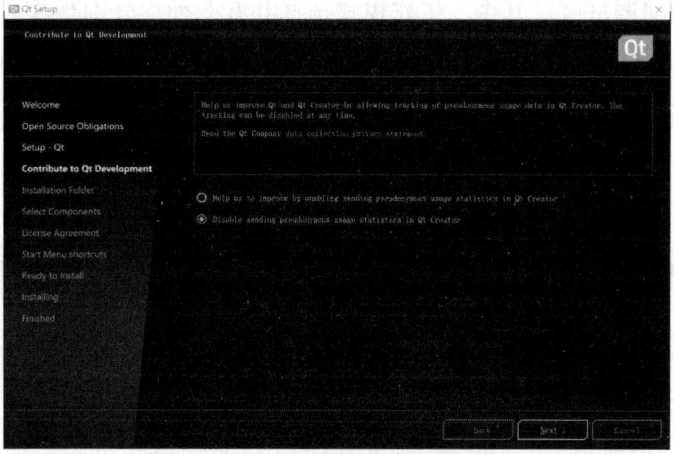


图 1-7　是否参加 Qt 数据收集

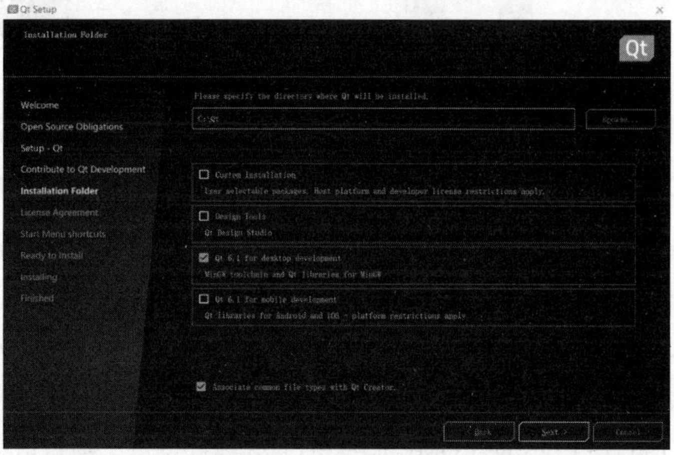


图 1-8　Qt 安装路径选择

之后，按照安装提示顺序进行如下安装操作：

（1）在“license agreements”步骤选中“I have read and agree to the terms contained in the license agreements”，并点击“Next”；

（2）在快捷键设置中，直接点击“Next”；

（3）进行“Ready to Install”步骤，点击“Install”；

（4）等待安装，直到安装完成；

（5）选中“Launch Qt Creator”，即可见到图 1-9 所示的界面。

截至目前，我们的 QT Creator 及其编译环境 MinGW 已经准备就绪。图 1-9 中的 MinGW 是 Minimalist GNU for Windows 的缩写，它提供了一套简单方便的 Windows 下的基于 GCC 程序开发环境（可以使用的 GNU 工具集合）。

Qt Creator 最左边是一排功能按钮。上半部分按钮是 Qt Creator 工作模式选择，下面四个按钮是构建调试区。其中，工作模式选择共有七种，分别是欢迎、编辑（编写代码）、设计（GUI 可视化编辑）、Debug（调试程序）、项目（项目参数配置）、分析（程序执行效率分析）、帮助。构建调试区由上到下依次是 Qt 套件选择、运行、调试运行和构建。

图 1-9　安装完成后的 Qt Creator 界面

Qt Creator 下方的是定位工具和输出面板，在编写项目代码和运行、调试程序时会使用到。输出面板包括七个，分别是问题（项目构建时的问题）、Search Results（搜索项目文件内容）、应用程序输出（运行和调试信息显示）、编译输出（编译、链接命令及其输出信息）、QML/JS Console（QML 命令窗口）、概要信息（项目信息摘要）、Version Control（版本控制系统）。

Qt Creator 中间的区域是所选择的工作模式界面，默认是欢迎模式。欢迎模式有四个子模块，“Projects”模块是项目显示，包括之前的会话和项目记录；“示例”模块包含了大量的示例性工程，如 HTTP Examples、QtWidgets 应用、2D Painting Example 等；“教程”模块提供了大量的教程和帮助文件；“MarketPlace”模块是 Qt 社区推出的一个创新平台，为开发人员提供了 Qt 框架库、Qt Creator 插件和各种工具，帮助开发者提高开发效率。

## 1.3　第一个项目

### 1.3.1　桌面应用最小项目

接下来我们新建一个 HelloWorld 项目。打开 Qt Creator 文件菜单，点击“新建文件或项目”（快捷键 Ctrl+N），或者直接在欢迎模式中点击快捷按钮 “New Project”，都可以打开如图 1–10 所示的新建项目对话框。

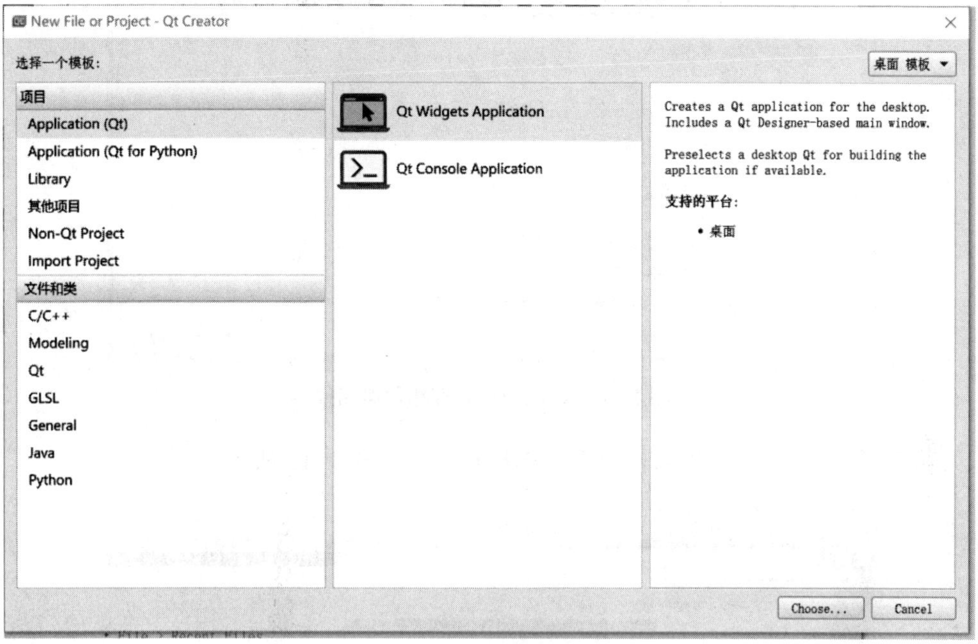


**图 1–10　新建项目**

新建项目对话框里有 6 类主要的项目模板：

（1）Application（Qt）：用于建立 Qt 应用程序，包括普通窗体程序和 Qt Quick 程序。

（2）Application（Qt for Python）：用于建立基于 Python 的 Qt 应用程序。

（3）Library：用于创建动态库、静态库以及 Qt Quick 扩展插件、Qt Creator 自身插件。

（4）其他项目：用于创建单元测试项目、Qt4 设计师自定义控件、子目录项目等。

（5）Non–Qt Project：非 Qt 项目，可以创建纯 C 或 纯 C++ 项目。

（6）Import Project：导入项目，从版本控制系统管理的软件项目导入旧的项目。

这里我们选择创建（1）建立一个桌面 Qt 应用，该应用将会自动包含用于设计的主窗口。选择 “Application（Qt）”，在右侧会看到 Qt 应用程序的 2 个子模板：

（1）Qt Widgets Application：普通窗体模板，这是一种传统的基于部件的窗体界面程序。

（2）Qt Console Application：Qt 控制台应用程序。

这里我们选择 “普通窗体模板”，点击 “Choose…” 后，设置项目的名称和项目存储的路径，如图 1–11 所示。如果该存储路径不存在，将提示我们路径不存在，请建立该路径后再试。注意存放工程的目录或路径中不可以包含中文字符。

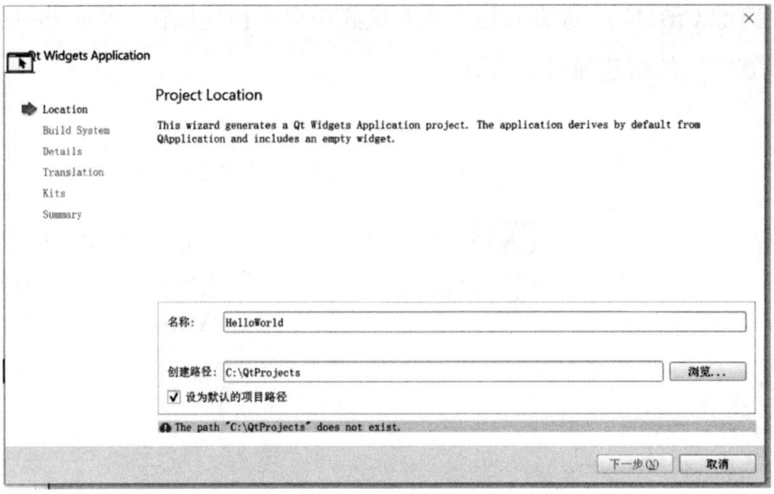


图 1-11　设定项目名称和创建路径

之后选择“下一步”，进入构建系统选择布置，如图 1-12 所示。

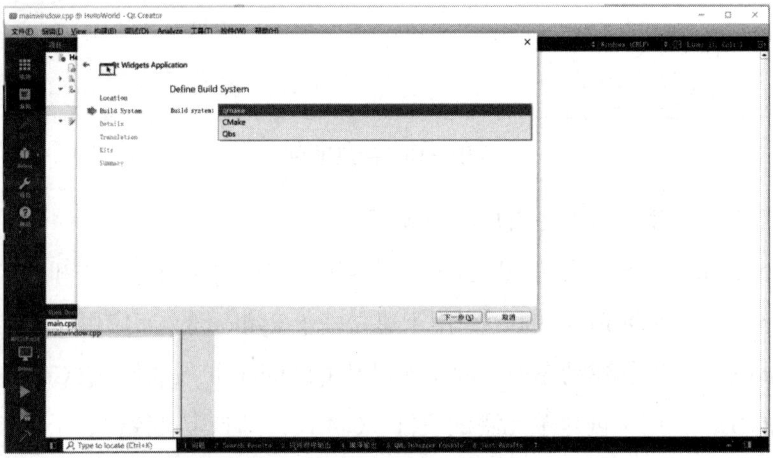


图 1-12　构建系统的选择

图 1-12 中的 qmake 和 CMake 都会生成一个 Makefile，这是由 make 读取的，用于构建项目。其中的 Makefile 也是一种构建系统，它告诉编译器和链接器要做什么，以创建可执行文件、动态库或静态库。Qt6 之后，将重点支持 CMake。Qbs（Qt Build Suite）与 qmake、CMake 一样都是构建工具。Qbs 没有绑定 Qt 版本，它从项目文件的高级项目描述中生成一个正确的编译表（依赖表），并充当了并行生成与直接调用编译器、连接器以及其他工具的角色。由于 qmake 是为 Qt 量身打造的，使用起来非常方便，这里我们选择 qmake 作为构建系统。

点击图 1-12 中“下一步”后，将得到一个未增加代码的 Qt 桌面应用项目，并且 Qt Creator 会直接进入代码编辑模式，如图 1-13 所示。

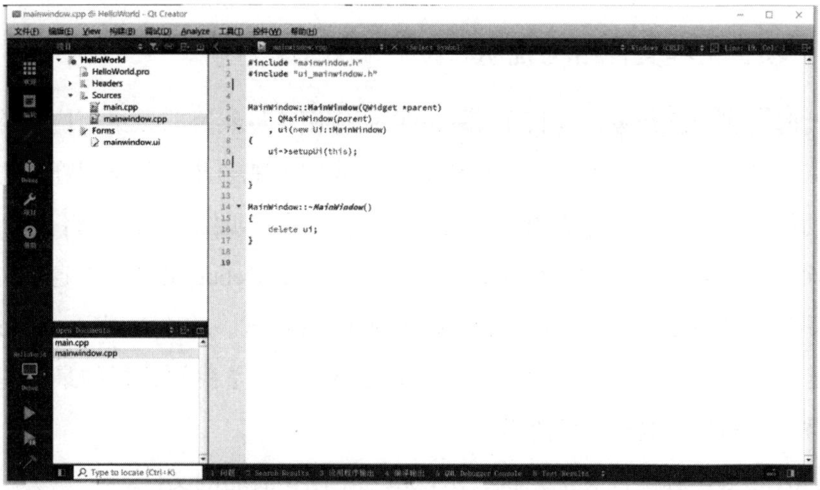


图 1-13　未增加代码的 Qt 桌面应用

点击图 1-13 左下角的绿色三角，将会构建一个什么功能也没有的桌面应用（见图 1-14）。如果不能运行出这个的结果，并且什么结果都不显示，请检查工程路径，确保一定在英文路径下。

图 1-13 左下角一共有四个按钮，分别表示：

（1）构建方式选择：选择构建项目使用的 Qt 套件和构建目标程序的类型（Debug 、profile 或 Release ）。

（2）运行按钮：快捷键是 Ctrl+R。如果还没构建项目或刚修改了代码并直接点击运行，Qt Creator 会自动构建生成新的目标程序并运行。

（3）调试按钮：快捷键是 F5。调试程序之前，Qt Creator 会自动构建生成最新的目标程序，并进入调试模式。

（4）构建按钮：快捷键是 Ctrl+B。只构建最新的目标程序，但不运行。

图 1-14　什么功能也没有的桌面应用

### 1.3.2 项目工程文件结构说明

截至此时，我们已经编译运行了第一个桌面应用。虽然目前该桌面应用除了一个窗体外，还未实现任何功能，但在后面的内容中，我们将基于此不断学习新的内容并逐渐增加一些功能。如果通过文件资源管理器进入项目目录（见图 1-15），将会看到在 Qt 工程目录下除了 HelloWorld 工程文件夹，还会新产生一个 Debug 文件夹，这是由于我们刚才使用了默认的 Debug 构建方式。如果使用 Release 模式，将会生成一个 Release 文件夹。Debug 或 Release 文件夹下的可执行文件（*.exe）就是我们运行的最终程序，这个文件可以被拷贝到其他地方执行使用。

在 HelloWorld 工程文件夹下，也会出现多个不同扩展名的文件。

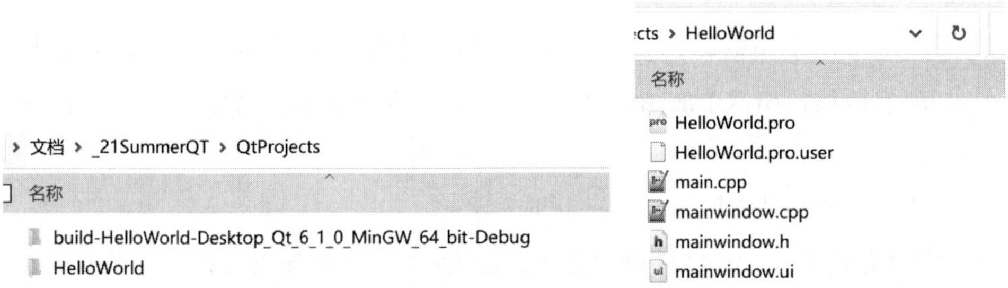


**图 1-15 项目文件目录**

图 1-15 中 HelloWorld 文件夹下各文件的作用分别为：

（1）项目文件（.pro）：HelloWorld.pro 由 qmake 自动生成。pro 文件包含平台信息（windows 平台是 win32，Linux 平台是 unix）、工程的编译模式、工程的依赖路径、工程需要的源文件和头文件等信息。

（2）pro.user 为用户配置描述文件。

（3）头文件（.h）：mainwindow.h 为声明 MainWindow 类的头文件。

（4）源文件（.cpp）：mainwindow.cpp 为定义 MainWindow 类的源文件。main.cpp 定义了 main 函数，为程序运行的入口。

（5）界面描述文件（.ui）：mainwindow.ui 为符合 XML 规范的图形界面。编译 Qt 程序代码时，Qt Creator 会用 uic 工具把 ui 文件的内容转换成 C++ 代码。本例中即为 mainwindow.h 和 mainwindow.cpp。

除了上面的文件之外，一个项目还可能包括对应的资源文件（图片、视频、音频等）。

## 1.3.3　最小项目代码说明

### 1.3.3.1　HelloWorld.pro 文件

下面以注释的形式标识了 HelloWorld.pro 中代码的含义，这些标识是以 ## 开头的。

```
QT      += core gui
## 模块声明 core 模块 gui 模块

greaterThan(QT_MAJOR_VERSION, 4): QT += widgets
## 如果使用 QT 版本大于 4，那么需要告诉 QT，还需要 widgets 模块

CONFIG += c++11    ## 配置 C++11

SOURCES += \    ## 源文件
    main.cpp \
    mainwindow.cpp

HEADERS += \    ## 头文件
    mainwindow.h

FORMS += \   ## 界面描述文件 .ui
    mainwindow.ui

# Default rules for deployment.
qnx: target.path = /tmp/$${TARGET}/bin
else: unix:!android: target.path = /opt/$${TARGET}/bin
!isEmpty(target.path): INSTALLS += target
## *.exe 可执行程序会生成在 bin 文件夹内
```

### 1.3.3.2　mainwindow.ui 文件

截至目前，我们没有在 UI 中增加任何设计，其初始设计状态如图 1–16 所示。

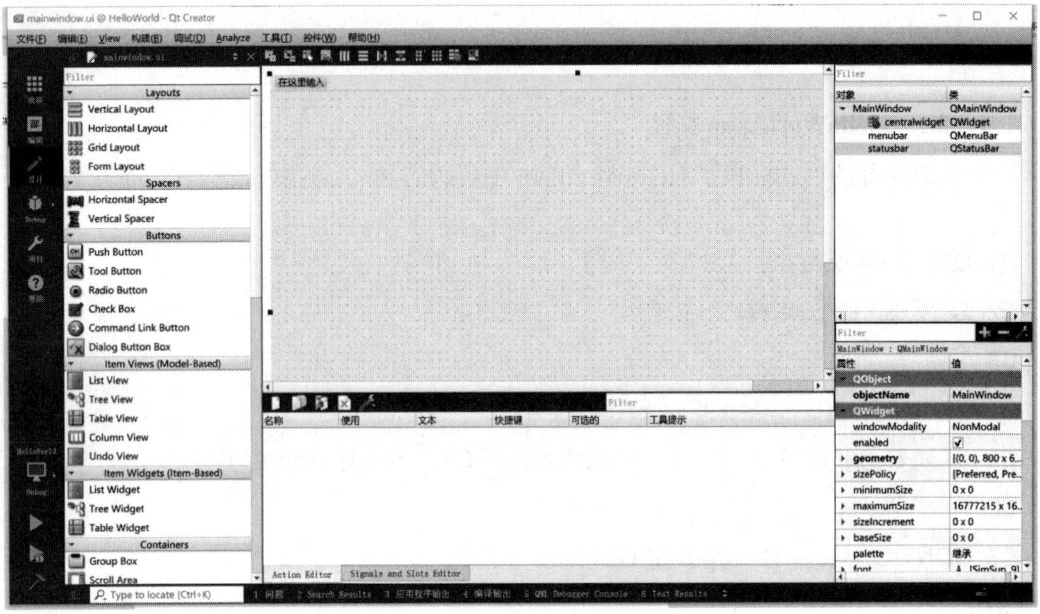


**图 1-16　UI 设计师界面**

如果使用文本编辑器打开 ui 文件，则会看到下面的符合 XML 规范的文件内容。下面以注释的形式标识了 HelloWorld.pro 中代码的含义，这些标识是用 <!--　--> 包含的部分。

```
<?xml version="1.0" encoding="UTF-8"?>
<ui version="4.0">
 <class>MainWindow</class>
 <widget class="QMainWindow" name="MainWindow">
  <property name="geometry"> <! -- 主窗口的几何属性 -->
   <rect>
    <x>0</x>
    <y>0</y>
    <width>800</width>
    <height>600</height>
   </rect>
  </property>
  <property name="windowTitle"> <! -- 窗口标题设置 -->
   <string>MainWindow</string>
  </property>
  <widget class="QWidget" name="centralwidget"/>
```

```
<widget class="QMenuBar" name="menubar"><! -- 主窗口的菜单 -->
 <property name="geometry"><! -- 主窗口菜单的几何属性 -->
  <rect>
   <x>0</x>
   <y>0</y>
   <width>800</width>
   <height>21</height>
  </rect>
 </property>
</widget>
<widget class="QStatusBar" name="statusbar"/><! -- 主窗口的状态栏 -->
</widget>
<resources/>
<connections/>
</ui>
```

将上面的文件内容和图 1–14、图 1–16 相对应，可以看出，ui 文件的内容、设计师界面中的设计，以及运行后展示的桌面应用界面是完全对应的。MainWindow 的结构分为五个部分（见图 1–17）：菜单栏（Menu Bar）、工具栏（Toolbars）、停靠窗口（Dock Widgets）、状态栏（Status Bar）和中央窗口（Central Widget）。其中，中央窗口可以使用任何形式的 widget 来填充。这五大部分也是所有桌面应用遵循的组成结构。本项目中没有增加任何代码或设计，在 ui 文件中只是默认使用了菜单栏（Menu Bar）和状态栏（Status Bar）。

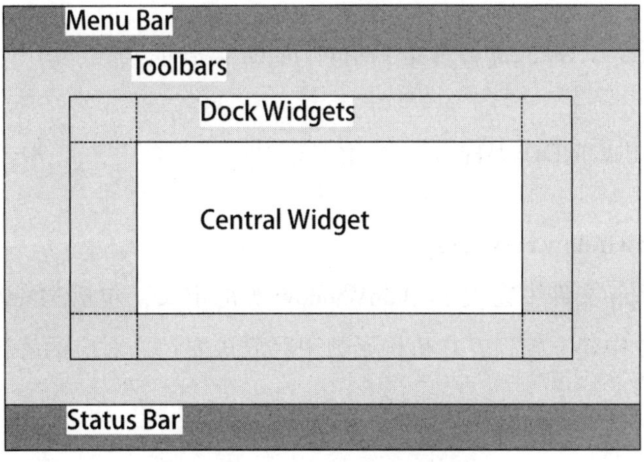


**图 1–17　MainWindow 的结构**

#### 1.3.3.3　mainwindow.h 文件

mainwindow.h 文件中完成了 MainWindow 类的声明。MainWindow 是 Qt 中的顶层窗口。从下面代码中可以看出，其派生自 QMainWindow 类，QMainWindow 类则派生自 QWidget 类。通过子类化 QMainWindow 可以创建一个应用程序的窗口。对应的解释以注释的形式加入下面的代码中。

```
#ifndef MAINWINDOW_H
#define MAINWINDOW_H
#include <QMainWindow>
QT_BEGIN_NAMESPACE
namespace Ui { class MainWindow; }
QT_END_NAMESPACE
class MainWindow : public QMainWindow
// MainWindow 类是 QMainWindow 的派生类
{
    Q_OBJECT
public:
    MainWindow(QWidget *parent = nullptr);
    ~MainWindow();
private:
    Ui::MainWindow *ui; // 应用程序的窗口的 UI 类指针
};
#endif // MAINWINDOW_H
```

#### 1.3.3.4　mainwindow.cpp 文件

mainwindow.cpp 文件中完成了 MainWindow 类的定义，包括 MainWindow 的构造和析构。在构造函数中建立窗口，在析构函数中释放该窗口。对应的解释以注释的形式加入下面的代码中。

```
#ifndef MAINWINDOW_H#include “mainwindow.h”
#include “ui_mainwindow.h”

MainWindow::MainWindow(QWidget *parent)
    : QMainWindow(parent)
    , ui(new Ui::MainWindow)// 构造函数
{
    ui->setupUi(this);
/*setupUi( ) 函数是界面和程序之间的桥梁。
其作用是对界面进行初始化，
按照 Qt 设计器里设计的样子把窗体画出来，
并把在 Qt 设计器里定义的信号和槽建立起来。*/
}
```

#### 1.3.3.5 main.cpp 文件

main.cpp 中的 main() 函数为程序的入口，其中 argc 表示命令行变量的数量，argv 表示命令行变量的数组。这里的 QApplication 头文件是包含应用程序类的头文件。关于 main.cpp 文件对应的解释以注释的形式加入下面的代码中。

```
#include “mainwindow.h”
#include <QApplication>  // 包含一个 Qt 应用程序类的头文件

int main(int argc, char *argv[])
{
    QApplication a(argc, argv);
//a 为应用程序对象，在 qt 中，应用程序对象有且仅有 1 个
    MainWindow w; // 窗口对象，父类为 QWidget
    w.show();     // 显式调用 show 方法显示窗口对象，否则默认不显示
    return a.exec();// 让 a 进入消息循环，不会一闪而过，让代码阻塞到这行
}
```

### 1.3.4 在窗体显示“Hello World”

下面我们修改原有的程序，在刚才的主窗口上显示“Hello World！”。双击左侧的

“mainwindow.cpp” 文件名，进入 mainwindow.cpp 的编辑状态。在对应的位置增加如下代码。对应的解释以注释的形式加入下面的代码中。

```
//mainwindow.cpp
#include “mainwindow.h”
#include “ui_mainwindow.h”
#include <QLabel>  // 代码中将要使用 QLabel 类

MainWindow::MainWindow(QWidget *parent)
    : QMainWindow(parent)
    , ui(new Ui::MainWindow)
{
    ui->setupUi(this);

    ///Add code here///
   QLabel *pQLabel=new QLabel(this);
    // 创建一个 Label
    pQLabel->setText(“Hello world!”);
    // 将其文字设置为 “Hello World!”
    pQLabel->setGeometry(QRect(100, 200, 100, 16));
// 将其几何属性设置为矩形，起始点 (100,200)，宽 100，高 16
}
MainWindow::~MainWindow()
{
    delete ui;
}
```

其中，include <QLabel> 表示代码将要使用 QLabel 类。QLabel 是 Qt 界面中的标签类，它是一个用于显示文本或图像的窗口部件。在程序中，首先创建一个 Label；将其文字设置为“Hello World！”；之后将其几何属性设置为矩形，矩形的起始点为（100,200），宽为 100，高为 16。再次编译运行，我们得到了一个能够显示“Hello World！”的窗口，如图 1–18 所示。这里需要注意的是，点（0,0）代表的是显示窗口的左上角。

图 1-18　显示“Hello World！”的窗口

| | |
|---|---|
| 提示 | QtCreator 代码对齐的快捷键为 ctrl + i 。需要部分代码对齐时，可以先用鼠标划选待对齐的内容，然后使用快捷键 ctrl + i ，需要当前文件全部代码对齐时，可以先用 ctrl+a 全选，然后使用快捷键 ctrl + i 。 |

## 1.4　项目的发布

本小节我们介绍项目的发布。首先在项目“HelloWorld”的构建方式中选择 release 方式，如图 1-19 所示。然后在“build-HelloWorld-Desktop_ Qt _6_2 _0_MinGW _64_bit-Release\release” 目录下找到生成的“HelloWorld.exe”可执行文件，并将该文件拷贝到一个新的空目录下。

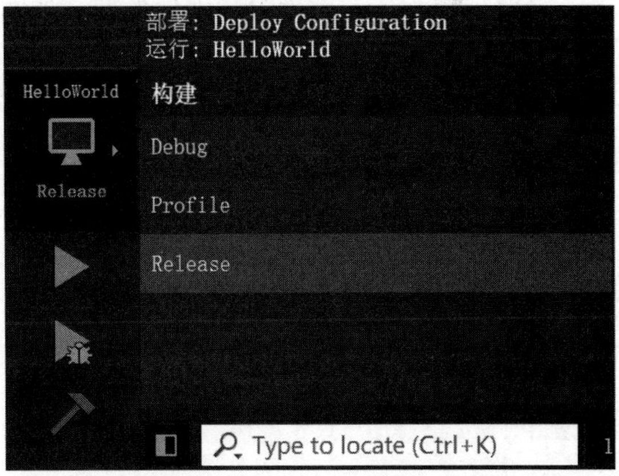


图 1-19　选择“Release”构建

准备两个工具，一个是 Depends，另一个是 innosetup。depends 工具是一个反编译工具，它可以扫描 32 位或 64 位 Windows 模块（exe、dll、ocx、sys 等），并构建所有相关模块的分层树状图。在 Depends 中的“打开”菜单中选择要发布的 HelloWorld.exe。稍做等待，将会得到图 1-20 的分层树状图。在 HelloWorld.exe 所在目录下将所需的 DLL 文件拷贝进去，这些 DLL 大多可以从安装目录“C:\Qt\6.2.0\mingw81_64\bin”中找到。按 F5 刷新后，问号消失，文件准备工作就做好了。

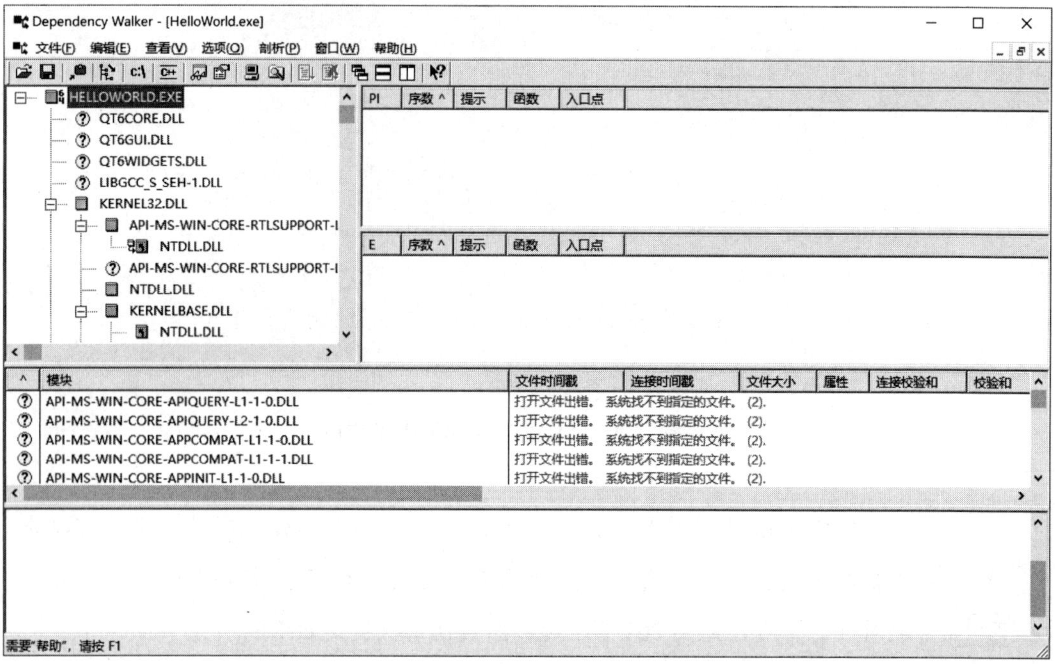

图 1-20　Depends 分层树状图

接着打开 InnoSetup 编译器，按照脚本向导的指示选择“创建新的空脚本文件”，并设定应用程序的名称、版本、公司、网站等信息，以及程序文件夹名称，如图 1-21 所示。设置程序文件、文件夹、文件类型，如图 1-22 所示。如图 1-23 所示进行编译设置。

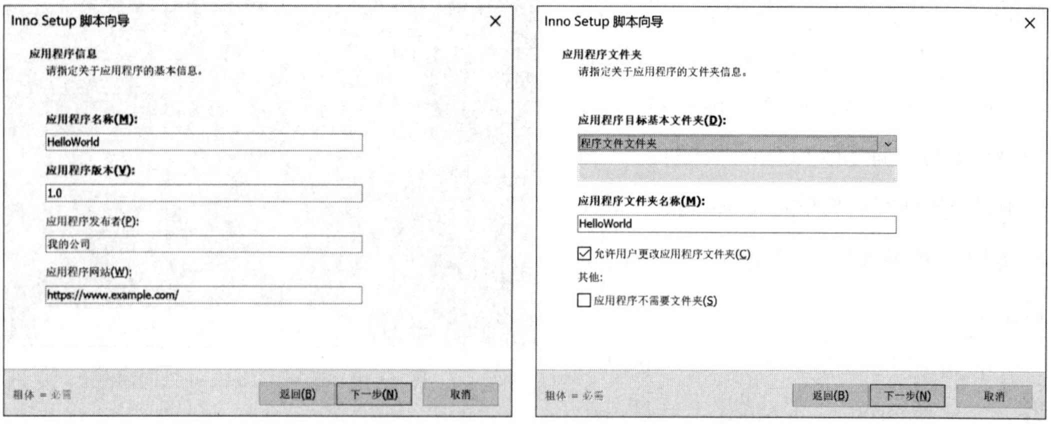

图 1-21　设置程序信息和文件夹信息

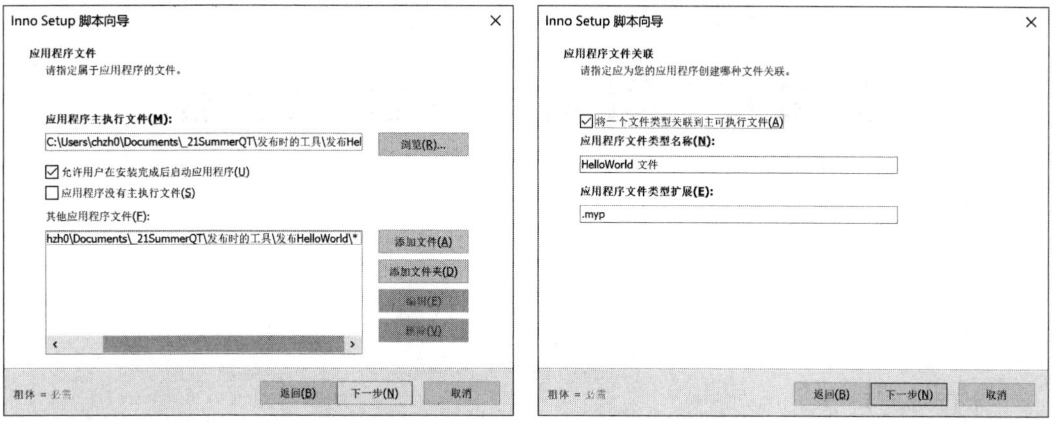


图 1-22 设置程序文件、文件夹、文件类型

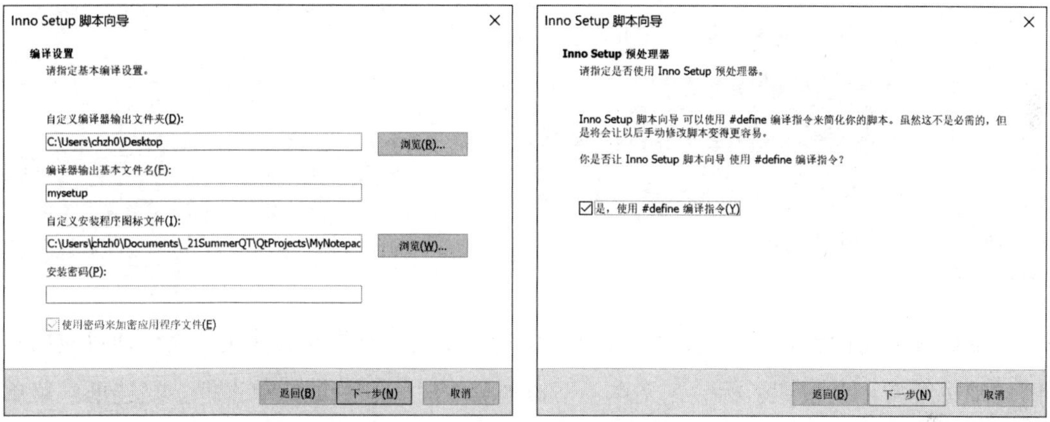


图 1-23 InnoSetup 编译设置

之后选择进行编译，等待编译结束后，就得到发布版的程序 mysetup.exe 文件，此文件为 11.6MB。若将此可执行程序发布给用户，用户就可以通过安装程序的方式使用“HelloWorld.exe”了。

## 1.5 思考与练习

1. 请通过在线方式下载并安装适合本机操作系统的 Qt 开发环境。
2. 新建一个 MyHelloWorld 项目，阅读项目中各文件代码，理解各文件的作用。
3. 完成 MyHelloWorld 项目的发布，测试发布的 MyHelloWorld.exe。

# 第2章 Qt窗口、控件与容器

**本章学习目标**

- 了解Qt开发框架的三个窗口基类。
- 掌握QMainWindow类和QDialog类的使用。
- 掌握Qt常用控件的使用。
- 掌握Qt控件布局和控件容器的使用。
- 掌握信号槽的含义、消息传递机制。
- 掌握槽函数的设计与使用。

本章首先向读者介绍Qt程序开发框架中的三个窗口基类及其使用，之后通过应用实例详细讲解常用的按钮、标签、文本、下拉列表、时间和日期、单选框、复选框、菜单栏和工具条等的使用方法。

## 2.1 Qt窗口

### 2.1.1 Qt窗口基类

窗口是应用程序和用户之间数据输入、修改、查看、输出等的载体。在使用应用程序时，窗口是应用程序和用户之间的接口，起到桥梁作用。Qt开发框架中的窗口基类包括QWidget类、QMainWindow类和QDialog类。

建立项目时，在Details中，开发者可以选择上述三种基类，如图2–1所示。或者当我们需要向项目中增加窗口时，可以在Qt Creator工程中点击右键，选择“Add New…”，并选择Qt中的Qt设计师界面类，即可进入Qt设计器界面类的选择，如图2–2所示。图2–2中的5种选择，本质上都对应着QDialog、QMainWindow和QWidget三个基类。“Dialog with Buttons Bottom”“Dialog with Buttons Right”“Dialog without Buttons”分别代表底部有按钮的对话框、右侧有按钮的对话框和无按钮的对话框，并均对应 QDialog 基类；“Main Window”对应 QMainWindow 基类，“Widget”对应 QWidget 基类。

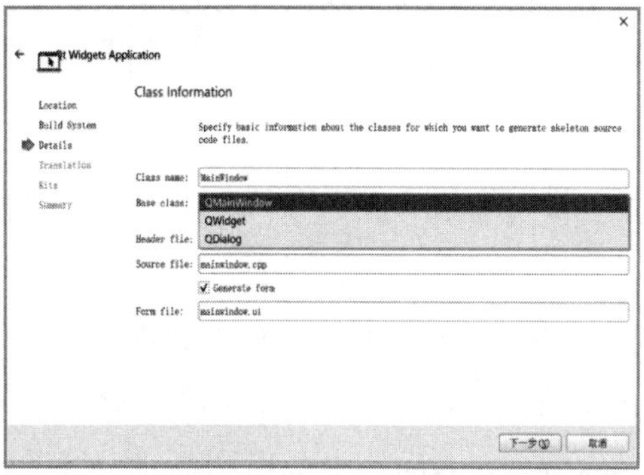


图 2-1　可创建项目时可选择的基类类别

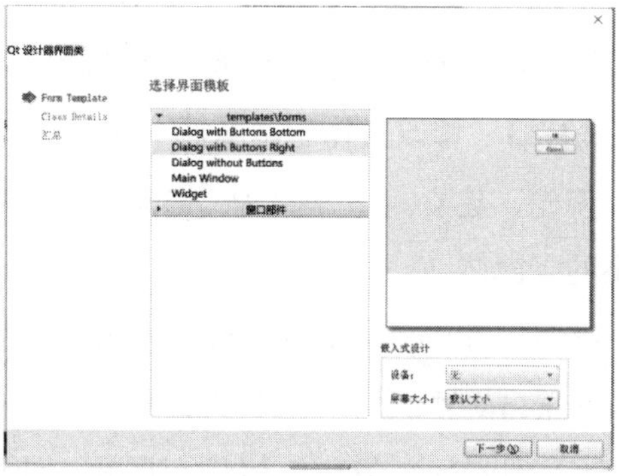


图 2-2　增加窗体时的界面模板

下面分别介绍 QDialog、QMainWindow 和 QWidget 三个基类的含义。

（1）QWidget 类。QWidget 类是所有用户界面对象的基类。widget 是用户界面最基本的组成部分，它接收来自操作系统的鼠标、键盘以及其他事件，然后将自己绘制在屏幕上。widget 可以嵌入其他窗口内部，也可以作为独立窗口显示。每一个 widget 都是矩形形状，以 Z-order 顺序排列，亦即使用在屏幕上的 Z 轴顺序表示 widget 在堆叠窗口列表中的位置。一个 widget 会被它的父窗口（先打开的窗口）或者在它前面的 widgets 截断。如果一个 widget 没有被嵌入另外一个 widget 中，那么这个 widget 就叫作 window，即一个独立的窗口。QWidget 的子类包括 QLabel、QPushButton、QCheckBox 等，这些子类均具有实际的功能。

（2）QDialog 类。QDialog 类继承自 QWidget 类，用于实例化对话框窗口。对话框窗口是一个顶层窗口（不能内嵌），主要用于短期任务和与用户的短期通信。QDialogs 类的实例对话框可以是模态的，也可以是非模态的。当用户打开非模态对话框时，依然可以操作其他窗口；模态则表示程序在未处理完当前对话框时，将阻止和对话框的父窗口进行交互。QDialogs 可以提供一个返回值，也可以有默认按钮（见图 2-2 中的 Dialog with Buttons）。QDialogs 还可以使用 setSizeGripEnabled() 通过 QSizeGrip 类重新设定对话框的大小。QDialog 的子类主要有 QMessageBox、QFileDialog、QColorDialog、QFontDialog、QInputDialog 等。

（3）QMainWindow 类。QMainWindow 类也继承自 QWidget 类。QMainWindow 也是一个顶层窗口（不能内嵌），它可以包含其他的界面元素：菜单栏、工具栏、状态栏、子窗口等（见图 1-17）。由于 QMainWindow 有自己的布局，因此不能调用 setLayout() 方法设置布局。

### 2.1.2 QMainWindow 类

本节中我们将建立一个基于 QMainWindow 的应用，并实现窗体标题修改、窗体尺寸设置、图标修改、多窗体调用等功能。

#### 2.1.2.1 修改窗体基本属性

首先，建立一个基类为 QMainWindow 的项目，运行后可以得到一个可以任意调整大小的空窗体。

接着，在 mainwindow.cpp 文件中对窗体的基本属性进行修改。如下面程序所示，在 MainWindow 类的构造函数中，使用 setWindowTitle() 方法实现窗体标题的修改，使用 setMaximumSize() 设置窗体最大尺寸，使用 setMinimumSize() 设置窗体最小尺寸，使用 setStyleSheet() 设置背景颜色，使用 setWindowFlags() 设置窗口标题栏按钮。

```
MainWindow::MainWindow(QWidget *parent)
    : QMainWindow(parent)
    , ui(new Ui::MainWindow)
{
    ui->setupUi(this);
    /* 修改窗体基本属性 */
    this->setWindowTitle("My First Window!");
    // 设置窗体标题为 "My First Window!"
    this->setMaximumSize(600,400);
    // 设置窗体最大尺寸为 600×400
    this->setMinimumSize(300,300);
    // 设置窗体最小尺寸为 300×300
    this->setStyleSheet("background:yellow");
    // 设置背景颜色为黄色
    this->setWindowFlags(Qt::WindowCloseButtonHint);
    // 去掉标题栏最大化、最小化按钮
}
```

再次编译运行，将会得到图 2-3 所示的窗口。可以看出，修改基本属性的窗体标题、窗体大小、窗体背景颜色、窗体按钮都发生了变化。

图 2-3　修改基本属性的窗体

### 2.1.2.2　修改窗口标题栏图标

在构建应用程序时，窗口左上角常出现个性化图标，如图 2-4 左上角的绿色图标就是 Qt 开发框架的个性化图标。为了修改窗口标题栏图标，我们需要提前准备一个图标文件。因此，首先在项目文件夹下建立一个 resource 文件夹，并存入一个图标 ICO 文件。为了简单起见，可以利用画图板编辑一个 16×16 像素的 bmp 文件，之后将该文件的扩展名修改为 *.ico。

接着，在工程名上点击右键，选择“Add new…”，在模板中选择 Qt 及 Qt Resource file，根据提示设置资源所在文件路径，并将名称设定为 image。单击 resource\image.qrc，点击“Add Prefix”，点击“Add File”即可将图标文件导入工程中。此时可以在属性中为其设定别名 icon，如图 2-4 所示。

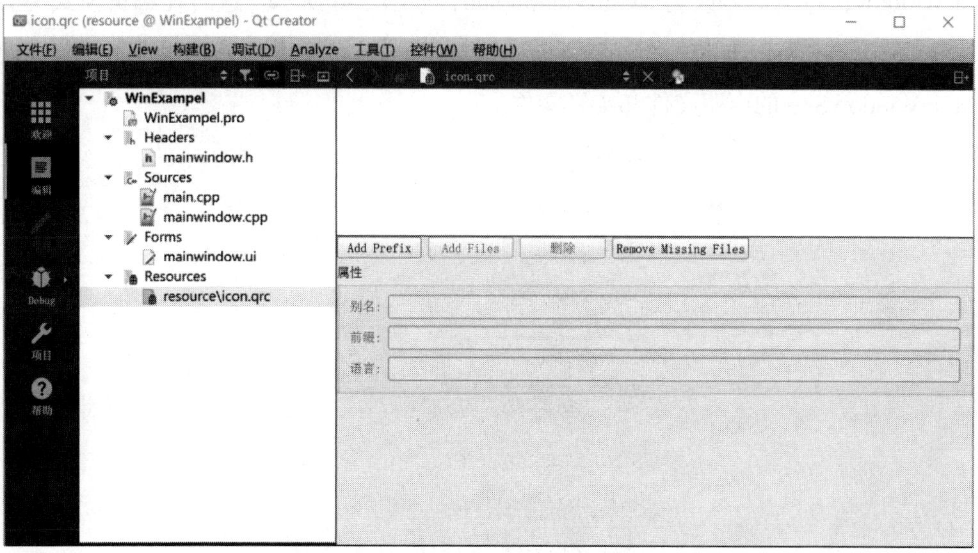


图 2-4　在项目中导入图片资源

接下来，在 mainwindow.cpp 文件中对窗体的图标进行修改。在其构造函数中增加如下代码修改窗体标题栏图标图片：

```
this->setWindowIcon(QIcon(":/new/prefix1/icon"));
```

再次编译运行，可以发现窗体的图标已经更换为自己设计的图标图像，如图 2-5 所示。此刻观察操作系统任务栏，会发现任务栏显示的图标也变成了自行设计的图标。

**图 2-5　修改窗体标题栏图标**

#### 2.1.2.3　多窗体调用

多窗体调用指的是用户在使用应用程序的过程中，在当前窗口通过点击、选择等方式打开子窗口的行为。这里我们通过在主窗口点击按钮，实现对子窗口的调用。

在现在的项目中调用另一个窗体，首先需要新建一个窗体以备调用。在工程名上点击右键，选择“Add new…”，在模板中选择 Qt 的 Qt 设计师界面类，在界面模板中选择 Main Window，将类名修改为 MainWindowSub，如图 2-6 所示。这时在编辑模式中会增加一个 mainwindowsub.h 和一个 mainwindowsub.cpp。这两个文件分别代表新添加的窗体类 MainWindowSub 的声明文件和定义文件。

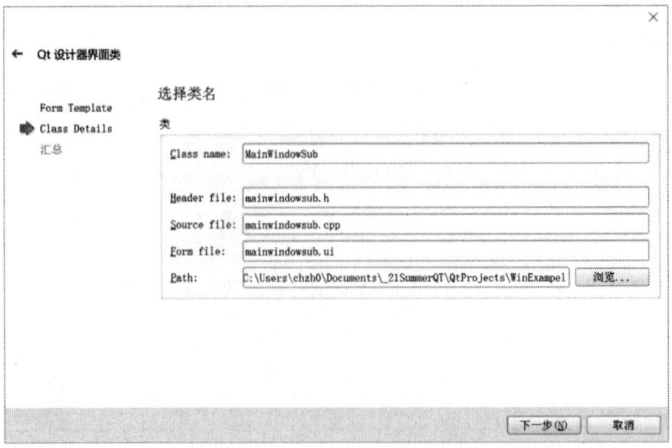


**图 2-6　增加一个窗体类**

由于我们要通过主窗口调用新建的窗口，因此需要在主窗口类所在的头文件中包含新建窗口的头文件。具体操作见下面的代码，在 mainwindow.h 中增加头文件包含命令（第 02 行），以便使用 MainWindowSub 类；增加声明语句，创建一个 MainWindowSub 类实例（第 22 行）。除此之外，项目中还需要一个按钮实例，因此需要在主窗口类所在头文件中包含按钮类头文件（第 03 行），并声明一个 QPushButton 按钮指针（第 21 行）。

```
01 #include <QMainWindow>
02 #include “mainwindowsub.h”// 将会使用 MainWindowSub 类
03 #include <QPushButton>// 会使用 QPushButton
04
05 QT_BEGIN_NAMESPACE
06 namespace Ui { class MainWindow; }
07 QT_END_NAMESPACE
08
09 class MainWindow : public QMainWindow
10 {
11     Q_OBJECT
12
13 public:
14     MainWindow(QWidget *parent = nullptr);
15     ~MainWindow();
16
17 private:
18     Ui::MainWindow *ui;
19 //Add code here//
20 private:
21     QPushButton *button;   // 在主窗体中增加一个按钮
22     MainWindowSub subWindow;// 声明一个 MainWindowSub 类实例
23 private slots:
24     void showSubWindow();// 声明槽函数，用于点击按钮后显示 subWindow
25 };
```

为了实现点击按钮弹出子窗口的效果，我们需要声明一个槽函数（第 24 行）。这里提到的“槽”的概念，指的是信号槽。所谓信号槽，就是指某种事件发生之后，比如点击了一下鼠标，或者按了某个按键，这个组件就会发出一个信号。这时，如果有一个槽，正好对应上这个信号，那么这个槽的函数就会执行，也就是回调。第 24 行的 showSubWindow() 槽函数，正是用于点击按钮后显示子窗口 subWindow。

为了实现子窗口调用，需要在 mainwindow.cpp 中增加 showSubWindow() 函数的实现，用于实现按钮被点击后的操作。具体如下：

```
void MainWindow::showSubWindow()
{
    subWindow.show();// 显示 SubWindow 窗体
}
```

最后，在 mainwindow.cpp 中 MainWindow 类的构造函数中继续增加下列代码：

```
01  button=new QPushButton(this);
02  // 以当前窗口为父窗口建立一个 QPushButton 按钮实例
03  button->setGeometry(QRect(50,50,100,25));// 设置按钮的几何属性
04  button->setText(" 打开新窗口 ");// 设置按钮显示文字
05  button->setStyleSheet("background:white");// 设置按钮为白色
06  connect(button,SIGNAL(clicked()),this,SLOT(showSubWindow()));
07  // 当按钮被点击，将会发出一个槽信号，showSubWindow() 会被调用
```

首先，以当前窗口为父窗口建立一个 QPushButton 按钮实例，使用 button 指针指向该实例。其次，通过 button 指针设置窗口的大小、显示的文字、按钮背景颜色。最后，如第 06 行，按钮被点击时，将会发出一个槽信号，showSubWindow() 会被调用，从而显示 SubWindow 窗口。06 行的 connect 函数是 QT 中的连接函数，将信号发送者 sender 对象（本例中的 button）中的信号 signal（本例中为被点击信号）与接受者 receiver（本例中的 this，亦即 mainwindow）中的 member 槽函数（本例中的 showSubWindow 函数）联系起来。运行并点击按钮后的执行结果如图 2–7 所示。

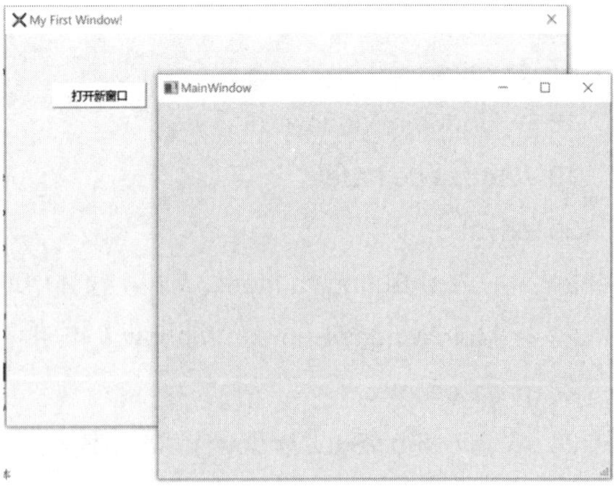


**图 2–7　多窗体执行效果**

### 2.1.3　QDialog 类

本节中我们将建立一个简单的基于对话框的实例，实现点击按钮后显示一个消息对话框，以熟悉 QDialog 类的使用。需要注意的是，上一节中我们手工实现了信号与槽的连接，本节在信号与槽的连接方法上有所不同，我们将在代码自动生成器的帮助下实现信号与槽的连接。

首先建立一个新的项目“WinDlg1”，建立项目时选择 QDialog 为基类，运行会得到一个基于对话框的应用。如图 2–8 所示，在右下角可以看到当前对话框的属性及属性值，这里通过下拉菜单将几何属性改为宽度 400、高度 300。

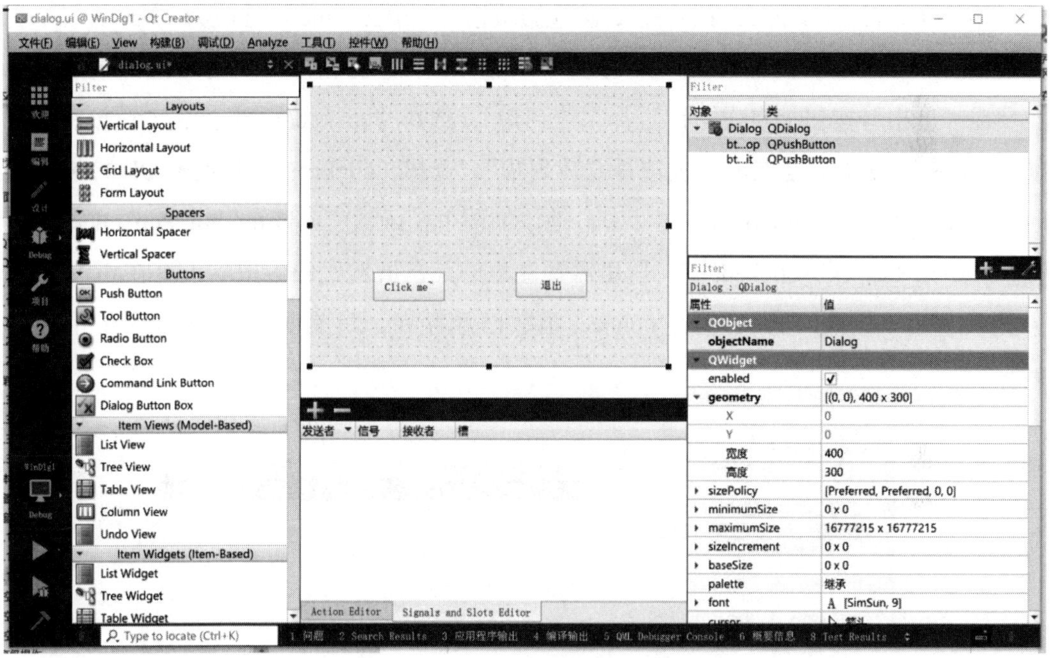


**图 2–8　UI 设计 -- 基于对话框的应用**

如果继续向下查看属性可以看到对话框的两个常用属性。一个是 windowTitle，我们可以在这里设置对话框标题（见图 2–9a），也可以在代码中调用 setWindowTitle() 函数进行设置；另一个是窗口的模态属性（见图 2–9b），同样可以直接手动设置其模态属性，也可以在代码中通过调用 setWindowModality() 函数进行设置。setWindowModality() 函数可以将对话框设置为三种模式：Qt.NonModal 表示非模态，Qt.WindowModal 表示窗口是模态的，Qt.ApplicationModal 表示应用程序模态，此时阻止和任何其他窗口进行交互。

（a）窗口标题属性　　（b）窗口模态属性

**图 2-9　对话框的窗口属性**

接着在项目 UI 中拖入两个按钮，将左边按钮的 objectName 属性改为“btn_Pop”、右边按钮的 objectName 属性改为“btn_exit”，分别双击两个按钮即可改变其显示的文字。

在“退出”按钮上点击右键选择“转到槽”，选择“clicked()”并点击 OK 按钮。在“Click me~”按钮上也点击右键选择“转到槽”，选择“clicked()”并点击 OK 按钮。这时代码生成器会在“dialog.h”文件中自动添加两个槽函数“void on_btn_Pop_clicked();”和“void on_btn_exit_clicked();”。这里需要注意的是，虽然代码生成器没有在 dialog.cpp 中显式表示 connect 函数，但是 connect 函数已经存在，只是我们在 dialog.cpp 中看不到它。

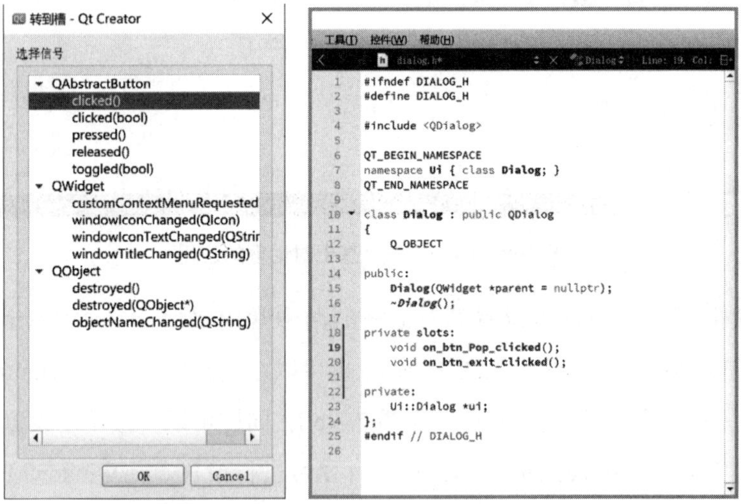


（a）转到槽　　（b）dialog.h 头文件的变化

**图 2-10　在代码自动生成器的帮助下实现信号与槽的连接**

接下来我们要为这两个函数添加相应的功能。进入 dialog.cpp 文件，在相应位置增加代码，详见下面代码中注释的部分。

```
01 #include “dialog.h”
02 #include “ui_dialog.h”
03 #include <QMessageBox>// 使用 QMessageBox
04
05 Dialog::Dialog(QWidget *parent)
06    : QDialog(parent)
07    , ui(new Ui::Dialog)
08 {
09    ui->setupUi(this);
10    this->setWindowTitle(“My First Dialog!”);// 设置对话框窗体标题
11 }
12
13 Dialog::~Dialog()
14 {
15    delete ui;
16 }
17
18 void Dialog::on_btn_Pop_clicked()
19 {
20    QMessageBox box;// 声明一个名为 box 的 QMessageBox 类对象
21    box.setText(“Look at me!”);// 设置 box 对象的文字
22    box.setWindowTitle(“Poping~~”);// 设置 box 的标题
23    box.exec();// 弹出 box
24 }
25
26 void Dialog::on_btn_exit_clicked()
27 {
28    this->close();// 关闭 box
29 }
```

当“btn_Pop”按钮被点击，第 20 行将使用 QMessageBox 类定义一个标准对话框。第 21 行和第 22 行调用 QMessageBox 类的 setText() 方法设置 box 对话框的文字显示，调用 setWindowTitle() 方法设置 box 对话框的标题。第 23 行通过 exec() 函数实现模态形式显示。

所谓标准对话框，是 Qt 内置的一系列对话框，用于简化开发。事实上，很多对话框都是通用的，比如打开文件、设置颜色、打印设置等。本例中的 QMessageBox 类提供的是一个用于通知用户或询问用户问题并接收答案的模式对话框。这些对话框在所有程序中几乎相同，因此没有必要在每一个程序中都自己实现这么一个对话框。

第 23 行的 exec() 函数实现模态形式显示，该形态不能够和父窗口进行交互，是一种阻塞式对话框调用。使用模态对话框时，事件就在对话框内部循环，必须将对话框关闭才能继续执行主界面的操作。在 2.1.2 节中，我们使用的 show() 函数则是非模态形式显示。对于显示或查看某些内容的对话框，一般用非模态对话框，显示后独立存在且可以同时与父窗口进行交互，是非阻塞式对话框调用。

运行上面的程序，结果如图 2–11 所示。点击“Click me~”按钮，会弹出“Poping”对话框；若点击“退出”，“My First Dialog!”对话框则会被关闭。

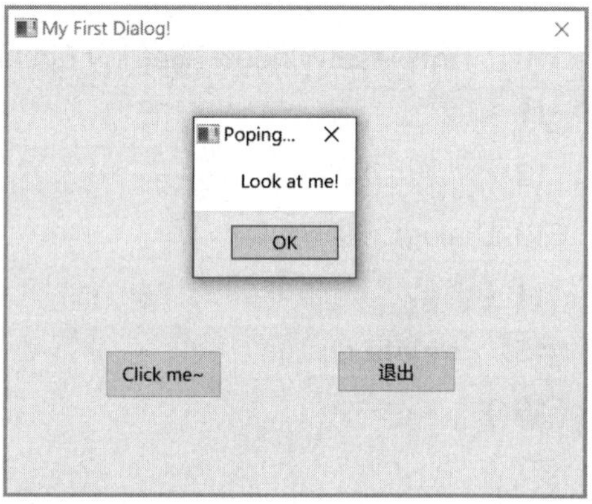


**图 2–11　从对话框应用弹出一个消息对话框**

Qt 还为应用程序设计提供了一些常用的标准对话框（见表 2–1），如打开文件对话框、选择颜色对话框、信息提示和确认选择对话框、标准输入对话框等，这样我们在编写程序时，就无须自己设计这些常用的对话框，可以大大减少程序设计的工作量。

**表 2–1　Qt 预定义标准对话框**

| 对话框 | 常用静态函数名称 | 函数功能 |
|---|---|---|
| QfileDialog<br>文件对话框 | QString getOpenFileName()<br>QStringList getOpenFileNames()<br>QString getSaveFileName()<br>QString getExistingDirectory()<br>QUrl getOpenFileUrl() | 选择打开一个文件<br>选择打开多个文件<br>选择保存一个文件<br>选择一个已有的目录<br>选择打开一个文件，可以是远程网络文件 |
| QcolorDialog<br>颜色对话框 | QColor getColor() | 选择颜色 |
| QFontDialog<br>字体对话框 | QFont getFont() | 选择字体 |
| QinputDialog<br>输入对话框 | QString getText()<br>int getlnt()<br>double getDouble()<br>QString getltem()<br>QString getMultiLineText() | 输入单行文字<br>输入整数<br>输入浮点数<br>从一个下拉列表框中选择输入<br>输入多行字符串 |

续表

| 对话框 | 常用静态函数名称 | 函数功能 |
|---|---|---|
| QMessageBox<br>消息框 | StandardButton information()<br>StandardButton question()<br>StandardButton waming()<br>StandardButton critical()<br>void about()<br>void aboutQt() | 信息提示对话框<br>询问并获取是否确认的对话框<br>警告信息提示对话框<br>错误信息提示对话框<br>设置自定义信息的关于对话框<br>关于 Qt 的对话框 |

## 2.2 Qt 常用控件与容器

应用程序中往往包含各种用户界面元素，以实现特定功能，如按钮、标签、图片、文本框、列表框、下拉框、单选框、复选框等，这些接口和工具被称为控件。容器则是能够容纳控件的容器，以实现用户界面的布局，以及对其他控件的逻辑和物理分类。下面以具体应用为例介绍常用的 Qt 控件和容器，实例和控件或容器的对应关系如表 2–2 所示。

**表 2–2　实例和控件或容器的对应关系**

| 实例名称 | 使用的控件或容器 |
|---|---|
| 模拟开关 | 按钮、标签 |
| BMI 计算器 | 文本、微调 |
| 字体调整器 | 下拉列表 |
| 会议预约系统 | 时间、日期 |
| 节目推荐系统标签选择器 | 单选、复选 |
| 收视数据展示 | Model、View |
| 计算器 | 控件布局 |
| 物流信息查询 | 多页面切换 |
| MyQt | 菜单栏和工具条 |

### 2.2.1 “模拟开关”实例

本例中将建立一个基于 QPushButton 按钮和 QLabel 标签的实例。此实例“模拟开关”显示，当处于开状态时，利用标签提示“明亮状态”，点击按钮切换至“off”；当处于关状态时，利用标签提示“黑暗状态”，点击按钮切换至“on”。我们将使用两种不同的方式实现该功能，请注意对比其中的不同。

**2.2.1.1　使用界面设计师设计界面**

本例中我们通过 UI 界面设计师设计界面，帮助读者理解设计和编辑状态是如何联系在一起的。

首先建立一个基于 QMainWindow 类的窗体项目 ex2_21。在设计界面中，将窗口几何大小修改为 400×300 像素。接着在窗体中拖入一个按钮和一个标签（见图 2-12）。将按钮的 ObjectName 命名为“btn_switch”，将标签的 ObjectName 命名为“lb_Info”。这里的 ObjectName 就是控件的名称，在编辑状态中将会通过使用该控件名称实现控件的属性设定及信号槽函数定义。在程序编辑状态使用这些控件时，需要通过 ui 进行。也就是说，ui–>btn_switch 指的是使用 ui 中的 btn_switch；如果需要设定其属性，调用相应的接口即可，例如 ui–>btn_switch–>setText（“off”）。

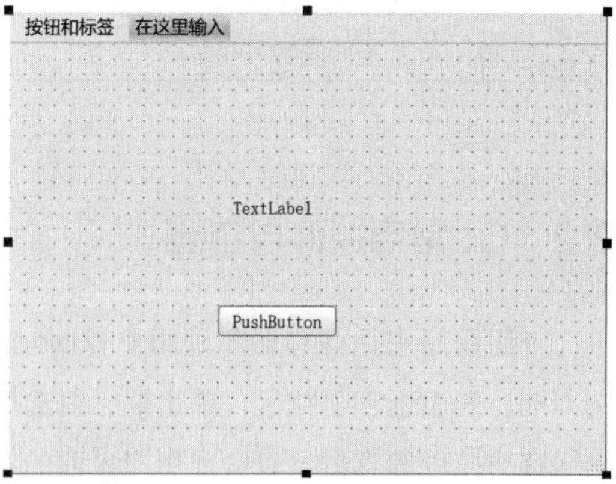


**图 2-12　“模拟开关”案例的原始布局**

设置初始状态为开灯状态。此时标签显示“明亮状态”，按钮显示“off”。由于此时设定的是初始状态，因此在 mainwindow 类的构造函数中增加如下代码。代码中第 10 行表示将 UI 中的开关按钮的文字显示设置为“off”，第 14 行表示将标签控件的文字显示设置为“明亮状态”。

```
01 #include “mainwindow.h”
02 #include “ui_mainwindow.h”
03
04 MainWindow::MainWindow(QWidget *parent)
05     : QMainWindow(parent)
06     , ui(new Ui::MainWindow)
07 {
08     ui->setupUi(this);
09     this->setWindowTitle(“ 控件的使用 ”);// 设置窗体标题
10     ui->btn_switch->setText(“off”);// 设置按钮文字
11     ui->lb_Info->setAlignment(Qt::AlignCenter);// 设置文字居中
```

```
    ui->lb_Info->setGeometry(130,50,100,80);
     // 设置标签几何属性 ( 起始位置和大小 )
    ui->lb_Info->setText(“ 明亮状态 ”);// 设置标签文字
    ui->lb_Info->setFrameShape(QFrame::Box);// 围绕标签内容画一个四边形
    ui->lb_Info->setStyleSheet(“QLabel{background:#ffff00;}”);
      // 将标签背景设置为黄色 ( 结合 qss 语法直接修改样式 )
}
MainWindow::~MainWindow()
{
    delete ui;
}
```

接下来，点击“off”实现关灯效果，并将按钮的文字转变为“on”。在 UI 的按钮点击右键，选择 released() 消息，并在 on_btn_switch_released() 槽函数中实现关灯效果。

```
void MainWindow::on_btn_switch_released()
{
    ui->btn_switch->setText(“on”);// 设置按钮文字
    ui->lb_Info->setText(“ 黑暗状态 ”);// 设置标签文字
    ui->lb_Info->setFrameShape(QFrame::Box);// 围绕标签内容画一个四边形
    ui->lb_Info->setStyleSheet(“color:white;background:#000000;”);
    // 将标签背景设置为黑色，文字设置为白色
}
```

至此，程序实现了一次点击切换，效果如图 2-13 所示。

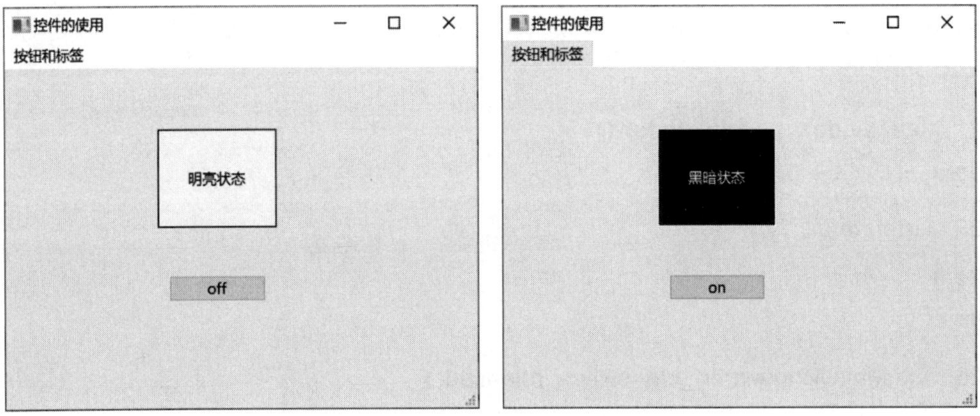


**图 2-13　“模拟开关”案例的运行结果**

那么怎么才能在“off”和“on”之间多次切换呢？这就需要我们设定一个指示变量，开状态时指示变量为 TURE，关状态时指示变量为 FALSE。每次点击按钮并释放时，检查指示变量所处状态，进行信息切换显示，并改变指示变量的取值即可。在 mainwindow.h 中增加一个成员变量“bool flag;”，然后在 mainwindow.cpp 中按照下面的方式修改代码。

```
#include “mainwindow.h”
#include “ui_mainwindow.h”

MainWindow::MainWindow(QWidget *parent)
    : QMainWindow(parent)
    , ui(new Ui::MainWindow)
{
    flag=true;// 初始状态
    ui->setupUi(this);
    this->setWindowTitle(“ 控件的使用 ”);// 设置窗体标题
    ui->btn_switch->setText(“off”);// 设置按钮文字
    ui->lb_Info->setAlignment(Qt::AlignCenter);// 设置文字居中
    ui->lb_Info->setGeometry(130,50,100,80);
        // 设置标签几何属性 ( 起始位置和大小 )
    ui->lb_Info->setText(“ 明亮状态 ”);// 设置标签文字
    ui->lb_Info->setFrameShape(QFrame::Box);// 围绕标签内容画一个四边形
    ui->lb_Info->setStyleSheet(“QLabel{background:#ffff00;}”);
        // 将标签背景设置为黄色
}

MainWindow::~MainWindow()
{
    delete ui;
}

void MainWindow::on_btn_switch_released()
```

```
27 {
28     if(flag==true)
29     {
30         ui->btn_switch->setText(“on”);// 设置按钮文字
31         ui->lb_Info->setText(“ 黑暗状态 ”);// 设置标签文字
32         ui->lb_Info->setFrameShape(QFrame::Box);
33           // 围绕标签内容画一个四边形
34         ui->lb_Info->setStyleSheet(“color:white;background:#000000;”);
35           // 将标签背景设置为黑色，文字设置为白色
36         flag=false;
37     }
38     else
39     {
40         ui->btn_switch->setText(“off”);// 设置按钮文字
41         ui->lb_Info->setText(“ 明亮状态 ”);// 设置标签文字
42         ui->lb_Info->setFrameShape(QFrame::Box);
43           // 围绕标签内容画一个四边形
44         ui->lb_Info->setStyleSheet(“QLabel{background:#ffff00;}”);
45           // 将标签背景设置为黄色
46         flag=true;
47     }
48 }
```

第 08 行“flag=true;”表示“lb_Info”的初始状态为“明亮”状态，按钮文字显示为“off”。当按钮被点击时，首先判断“lb_Info”状态，若“lb_Info”状态为“明亮”（第 28 行），则将“lb_Info”状态调整为“黑暗”状态（第 31 行），按钮文字改为“on”（第 30 行）；若“lb_Info”状态为“黑暗”（第 38 行），则将“lb_Info”状态调整为“明亮”状态（第 41 行），按钮文字改为“off”（第 40 行）。再次编译运行，就可以实现多次切换了。

#### 2.2.1.2　通过编辑程序建立和使用控件

接下来通过程序编辑的方式直接使用控件，这也是常用的方式之一，更方便读者理解程序运行的机制。这种方法不会在设计师界面中进行任何操作。

首先建立一个基于 QMianWindow 的项目 ex2_1v2，在 mianwindow.h 中包含要使用

的控件的头文件 <QLabel> 和 <QPushButton>，并声明控件类型的指针 lb_state（用于显示状态）和 btn_Switch（用于切换状态），将来用于创建和操作控件。详见下面代码中增加注释的部分。

```
#ifndef MAINWINDOW_H
#define MAINWINDOW_H

#include <QMainWindow>
#include <QLabel>// 使用 QLabel 类
#include <QPushButton>// 使用 QPushButton 类

QT_BEGIN_NAMESPACE
namespace Ui { class MainWindow; }
QT_END_NAMESPACE

class MainWindow : public QMainWindow
{
    Q_OBJECT

public:
    MainWindow(QWidget *parent = nullptr);
    ~MainWindow();

private:
    Ui::MainWindow *ui;
    QLabel *lb_state;// 用于显示状态
    QPushButton *btn_Switch;// 用于切换状态
};
#endif // MAINWINDOW_H
```

在 mianwindow.cpp 中的 mianwindow 构造函数中增加如下代码，包括标签控件的实例化（第 03 行）和属性设置（第 04–09 行），以及按钮控件的实例化（第 11 行）和属性设置（第 12 行）。

```
this->setGeometry(0,0,400,300);// 设置窗口大小

lb_state = new QLabel(" 明亮状态 ",this);// 实例化 QLabel 控件
lb_state->setAlignment(Qt::AlignCenter);// 设置文字居中
lb_state->setGeometry(130,50,100,80);// 设置标签几何属性 ( 起始位置和大小 )
lb_state->setText(" 明亮状态 ");// 设置标签文字
lb_state->setFrameShape(QFrame::Box);// 围绕标签内容画一个四边形
lb_state->setStyleSheet("QLabel{background:#ffff00};font-size:20px;font-weight:bold;");
//label 样式 (CSS 样式表 ):font-size 字号 ;color 字体颜色 ;
// font-weight 字宽 ;font-style 字体样式
btn_Switch = new QPushButton("off",this);// 实例化 QPushbutton 控件
btn_Switch->setGeometry(140,170,80,20); // 移动到 (140,170)，大小设置为 80×20
```

接下来我们来实现点击按钮的操作。在 mainwindow.h 中声明一个 btn_switch_released() 槽函数。

```
private slots:
  void btn_switch_released();// 声明一个槽函数
```

在 MainWindow.cpp 中定义该函数。当按钮被点击时，标签控件会切换状态，按钮文字也会切换。

```
void MainWindow::btn_switch_released()
{
   btn_Switch->setText("on");// 设置按钮文字
   lb_state->setText(" 黑暗状态 ");// 设置标签文字
   lb_state->setFrameShape(QFrame::Box);// 围绕标签内容画一个四边形
   lb_state->setStyleSheet("color:white;background:#000000;");
   // 将标签背景设置为黑色，文字设置为白色
}
```

最后将按钮被点击信号与 btn_switch_released() 槽函数进行连接。在 mainwindow.cpp 的构造函数中增加代码为按钮添加插槽事件（点击事件）。

```
connect(btn_Switch,SIGNAL(released()),this,SLOT(btn_switch_released()));
```

至此，我们实现了点击释放按钮的状态转变功能。如果希望实现类似于 ex2_21 的多次功能，做法和 ex2_21 完全一样，读者可以自行补充。

| 提示 | 请务必注意：如果已经声明的控件或容器指针在使用前没有被实例化，可能会造成程序运行时崩溃 (crashed)。 |
| --- | --- |

## 2.2.2 “BMI 计算器”实例

本实例通过模拟身体质量指数（BMI，Body Mass Index）计算器，以下称为**“BMI 计算器”**，来熟悉文本控件和微调控件的使用。本例中使用到的控件有如下几种。

（1）QLineEdit。QLineEdit 是一个单行文本编辑控件，可以输入和编辑单行文本，比如撤销、恢复、剪切、粘贴以及拖放等。QLineEdit 可以根据不同的场合显示字符的不同显示模式，比较常用的模式是密码模式。QLineEdit 允许用户在遵循简单规则的行编辑中输入字符，使用不同的掩码在编辑前会预先固定显示相应的字符掩码。QLineEdit 还可以通过设置 QValidator 验证器来限制文本输入，一般有 QIntValidator（整型值验证器）、QDoubleValidator（浮点值验证器）、QRegularExpressionValidator（正则表达式验证器）等。

（2）QTextEdit。QTextEdit 允许多行文字以及富文本编辑。首先，QTextEdit 适用于段落和字符。段落是一个格式化的字符串，它被字符包装以适应窗口小部件的宽度。默认情况下，当阅读纯文本时，一个换行符表示一个段落。文档由一个或多个段落组成。该段中的文字按照该段的对齐方式进行调整。段落以硬换行符分隔。段落中的每个字符都有自己的属性，例如字体和颜色。另外，QTextEdit 可以显示图像、列表和表格。如果文本太大而无法在文本编辑的视口中查看，则会出现滚动条。文本编辑可以加载纯文本和富文本文件。富文本支持使用 HTML 样式标签的丰富文本格式，它适合优化处理大型文档并对用户输入做出快速响应。

（3）QPlainTextEdit。QPlainTextEdit 是一个多行文本编辑器，用于显示和编辑多行简单文本。QPlainTextEdit 提供 cut()、copy()、paste()、undo()、redo()、clear()、selectAll() 等标准编辑功能的槽函数，还提供标准的右键快捷菜单。

（4）QSpinBox。QSpinBox 用于整数的显示和输入，一般显示十进制数，也可以显示二进制、十六进制的数，而且可以在显示框中增加前缀或后缀。

（5）QDoubleSpinBox。QDoubleSpinBox 用于浮点数的显示和输入，可以设置显示小数位数，也可以设置显示的前缀和后缀。

BMI 是国际上常用的衡量人体肥胖程度和是否健康的重要标准。本例中首先建立一个基于 QMainWindow 类的窗体项目 ex2_22，在设计师界面中设计窗体各控件的布局，如图 2–14 所示。

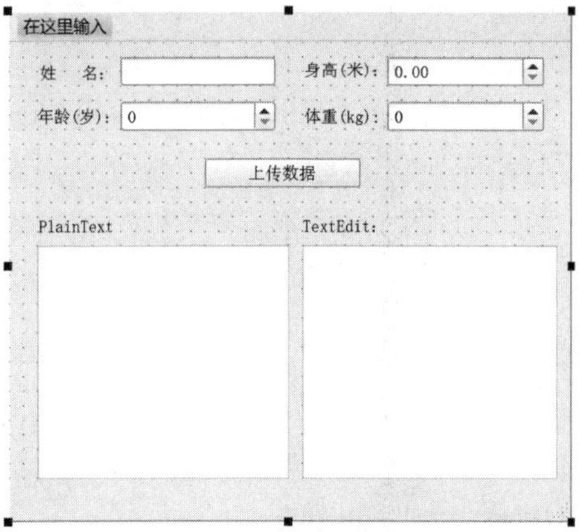


| | | | |
|---|---|---|---|
| QLabel | QlineEdit (le_Name) | QLabel | QSpinBox (dsb_Height) |
| QLabel | QSpinBox (sb_Age) | QLabel | QDoubleSpinBox (sb_Weight) |
| QPushButton（btn_Upload） | | | |
| QLabel | | QLabel | |
| QPlainTextEdit (pte_Data) | | QTextEdit (te_Data) | |

**图 2–14　在“BMI 计算器”中布局文本控件和微调控件**

在 UI 设计师界面中修改各控件的 ObjectName，以便后面识别和处理它们，各控件的 ObjectName 见图 2–14 中括号内的标识符。在“上传数据”按钮上右键选择“转到槽”，生成一个名为 on_btn_Upload_clicked() 的槽函数。如下面的代码，槽函数中首先获取身高和体重数据（第 04 至 07 行），计算出 BMI（第 09、10 行），然后获取姓名和年龄数据（第 13、14 行），之后将获取得到的数据连接成 QString 字符串以追加形式显示在 QPlainTextEdit 中（第 17 至 19 行），同时以富文本方式显示在 QTextEdit 中（第 22 至 24 行）。

```
01 void MainWindow::on_btn_Upload_clicked()
02 {
03     // 获取身高和体重
04     QString strH=ui->dsb_Height->text();
05     double height=strH.toDouble();
06     QString strW=ui->sb_Weight->text();
07     double weight=strW.toDouble();
```

```
    // 计算 BMI
    double bmi=weight/(height*height);
    QString strBMI=QString::number(bmi,'f',1);// 小数点后保留 1 位

    // 获取名字和年龄
    QString strName=ui->le_Name->text();
    QString strAge=ui->sb_Age->text();

    // 以 PlainText 方式显示
     QString strAll;
     strAll=strName+','+strAge+",H"+strH+",W"+strW+",BMI"+strBMI;
     ui->pte_Data->appendPlainText(strAll);// 以追加的形式显示
     //ui->pte_Data->setPlainText(strAll);// 覆盖原内容

     QString strTE="<h1>"+ strName +"</h1>"+ strAge +",H"+ strH
      +",W"+ strW +",BMI"+ strBMI ; // 以富文本方式显示
      ui->te_Data->append(strTE);
}
```

运行本项目，我们可以得到如图 2-15 所示的结果。可以看出，其中的姓名以一级标题的形式显示在 QTextEdit 控件中。

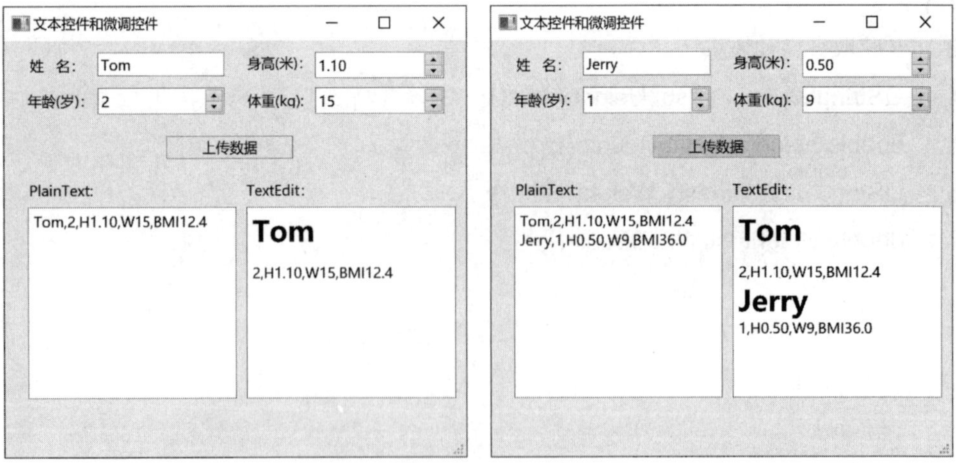


（a）上传第 1 组数据　　（b）上传第 2 组数据

**图 2-15 “BMI 计算器”——使用文本控件和微调控件**

### 2.2.3 “字体调整器”实例

本实例通过模拟一个“**字体调整器**”来熟悉 QComboBox 下拉列表和 QFontCombox 字体下拉列表的使用。本例中使用到的控件有如下几种。

（1）QcomboBox。QComboBox 是下拉列表框组件类，它提供一个下拉列表供用户选择，也可以直接当作一个 QLineEdit 用来输入。QComboBox 除了显示可见下拉列表外，每个项（item，或称列表项）还可以关联一个 QVariant 类型的变量，用于存储一些不可见数据。

（2）QFontComboBox。QFontComboBox 继承自 QComboBox 类。组合框内各种字体的内容是 Qt 自动填的，不可以修改和删除。

本例中首先建立一个基于 QMainWindow 类的窗体项目 ex2_23，在设计师界面中设计窗体各控件的布局，如图 2-16 所示。为图中的各空间增加初始显示文本和对象名，如表 2-3 所示。

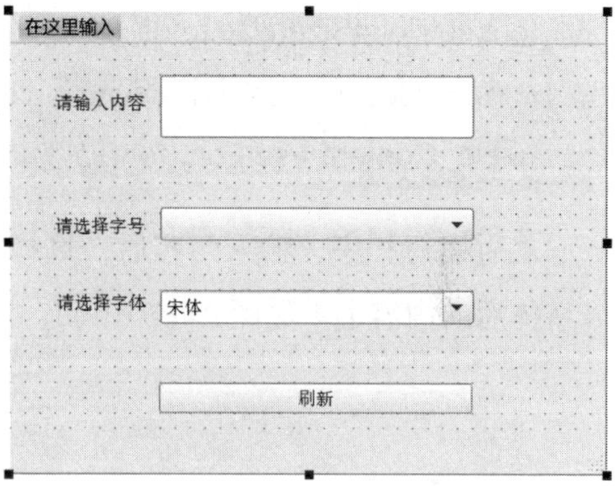


**图 2-16　在“字体调整器”布局下拉列表**

**表 2-3　“字体调整器”中各个控件的对象名**

| 控件类型 | 初始显示 | 对象名 |
| --- | --- | --- |
| QLabel | 请输入内容 | --- |
| QLabel | 请选择字号 | --- |
| QLabel | 请选择字体 | --- |
| QLineEdit | --- | le_Content |
| QComboBox | --- | cb_Size |
| QFontComboBox | --- | fcb_Font |
| QPushButton | 刷新 | btn_Refresh |

为了允许用户选择字号，需要在 cb_Size 中提供初始的选项，这里假设提供四种初始字号：10、12、16、18。我们需要在 mainwindow.cpp 的构造函数中增加下面的初始化代码，才能保证程序运行开始就可以提供四个选项［见图 2-17（a）］。

```
QStringList str;
str <<"10"<<"12" << "16" << "18";
ui->cb_Size->addItems(str);
```

接着我们在“刷新”按钮右键选择“转到槽”，代码生成器会帮我们建立一个名为 on_btn_Refresh_clicked () 的槽函数，并在 mainwindow.cpp 中增加函数体。

```
QString size=ui->cb_Size->currentText();// 获取 cb_Size 中的选项
QFont font=ui->fcb_font->currentFont();// 获取 fcb_font 中的选项
font.setPointSize(size.toInt());
// 将获取得到的字体的字号调整为 cb_Size 中选项对应的字号
ui->le_Content->setFont(font);// 为内容设置新的字体字号
```

之后运行程序，输入内容后，选择字号字体，点击“刷新”按钮，就能看到调整字号字体后的内容了［见图 2-17（b）］。

（a）下拉框的初始选择

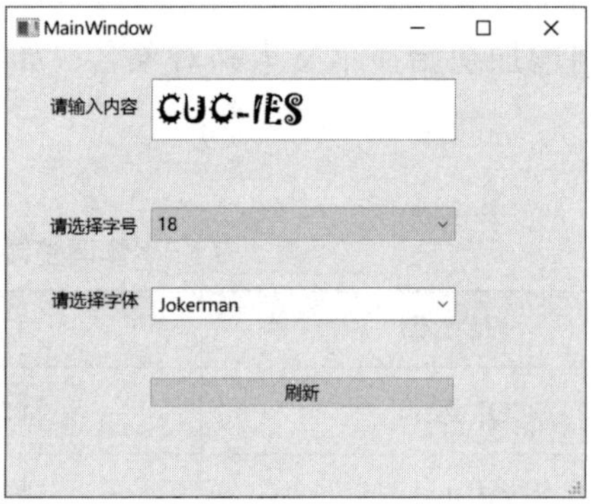


（b）运行结果

**图 2-17　使用“字体调整器”调整字体字号**

### 2.2.4 “会议预约系统”实例

本实例通过模拟一个初步的“**会议预约系统**”来熟悉和时间相关的控件的使用。时间日期是经常遇到的数据类型，Qt 中时间日期类型的类如下：

（1）QTime：时间数据类型，仅表示时间，如 15:23:13。

（2）QDate：日期数据类型，仅表示日期，如 2021-04-05。

（3）QDateTime：日期时间数据类型，表示日期和时间，如 2021-03-23 08:00:00。

Qt 中有专门用于日期、时间编辑和显示的界面组件，分别为：

（1）QTimeEdit：编辑和显示时间的组件。

（2）QDateEdit：编辑和显示日期的组件。

（3）QDateTimeEdit：编辑和显示日期时间的组件。

（4）QCalendarWidget：用日历形式选择日期的组件。

本例中首先建立一个基于 QMainWindow 类的窗体项目 ex2_24，在设计师界面中设计窗体各控件的布局，如图 2-18 所示。为图中的各空间增加初始显示文本和对象名，如表 2-4 所示。

（a）UI 设计　　　　（b）利用系统时间初始化

**图 2-18　会议室预约系统 UI 设计**

**表 2-4　会议室预约 UI 设计控件对象名**

| 控件类型 | 初始显示 | 对象名 |
|---|---|---|
| QLabel | 会议室预约 | --- |
| QLabel | 开始时间 | --- |
| QLabel | 结束时间 | --- |
| QDateTimeEdit | --- | dte_Start |
| QDateEdit | --- | de_End |
| QTimeEdit | --- | te_End |
| QCalendarWidget | | cldW_2 |
| QPushButton | 确认 | btn_OK |
| QLabel | 预约记录 | --- |
| QPlainTextEdit | --- | pte_Record |

我们首先让系统在初始状态下可以获得系统当前时间，并显示在控件上。因此，我们需要在 mainwindow.cpp 的构造函数中增加下面的代码，详细功能见代码中的注释。

```
QDateTime sysTime = QDateTime::currentDateTime();
// 获取系统时间
ui->dte_Start->setDateTime(sysTime);
// 将系统时间显示在 QDateTimeEdit
QStringList listT = sysTime.toString("hh:mm:ss").split(':');
// 从系统时间提取时间
ui->te_End->setTime(QTime(listT[0].toInt(),listT[1].toInt(), listT[2].toInt()));
// 将小时分钟秒显示在 QTimeEdit
QStringList listD = sysTime.toString("yyyy-MM-dd").split('-');
// 从系统时间提取日期
ui->de_End->setDate(QDate(listD[0].toInt(),listD[1].toInt(),listD[2].toInt()));
// 将日期显示在 QDataEdit
```

接着我们要获取用户选取的时间，并将其显示在会议室预约系统的历史记录中。这需要我们获取控件被调整后的内容，并简单进行数据的格式化处理。在“确定”按钮右键选择“转到槽”，代码生成器会为我们生成一个名为 on_btn_OK_clicked() 的槽函数。接下来，完成槽函数的功能。

```
QString strStart=ui->dte_Start->text(); // 获取起始时间
QString strEndDate=ui->de_End->text();  // 获取截止日期
QString strEndTime=ui->te_End->text();  // 获取截止时间
ui->pte_Record->appendPlainText(" 已预约 "+strStart+" 至 "+ strEndDate
 +strEndTime +" 时段 ."); // 显示在 QPlainTextEdit 中
```

现在用户可以在 QDateEdit 和 QTimeEdit 里选择截止时间了，如图 2–19（a）所示。当然，我们为用户提供了另外一种选择：通过 QCalendarWidget 选择日期，如图 2–19（b）所示。

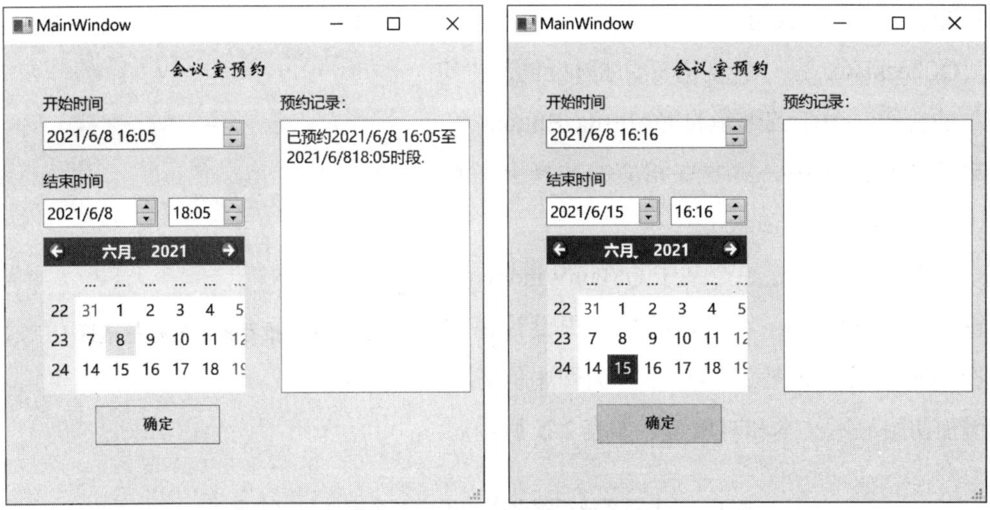


（a）用户在 QDataEdit 里选择日期　　　　（b）用户在日历中选中的日期

**图 2-19　会议室预约程序**

因此，我们需要将 QCalendarWidget 绑定到 QDateEdit 上，也就是说当用户通过 QCalendarWidget 选择日期时，在 QDateEdit 上会更新日期。在 QCalendarWidget 右键选择“转到槽”，并选择“selectionChanged”，代码生成器会生成一个名为 on_cldW_2_selectionChanged () 的槽函数。在函数中增加下面的代码：

```
void MainWindow::on_cldW_2_selectionChanged()
{
    QDate date=ui->cldW_2->selectedDate();
    // 获取用户在日历中选中的日期
    ui->de_End->setDate(date);
   // 将日期显示在 QDataEdit
}
```

重新编译运行后，就可以实现用户从 QDataEdit 里选择日期或从日历中选择日期，并将预约记录显示在 QPlainTextEdit 中了。

### 2.2.5　“节目推荐系统标签选择器”实例

本实例通过模拟一个“**节目推荐系统标签选择器**”，帮助读者熟悉单选框和复选框的使用。涉及的类包括 QRadioButton 和 QCheckBox。

QRadioButton 是一个可以切换选中（checked）或未选中（unchecked）状态的选项按钮。单选框通常呈现给用户一个“多选一”的选择。也就是说，在一组单选框中，一次只能选中一个单选框。

QCheckBox 是一个复选框，提供的是“多选”的选择。由于其继承自 QAbstractButton 类，如果需要默认选中，需要在相应的选择上设置 QAbstractButton->checked。

本例中首先建立一个基于 QMainWindow 类的窗体项目 ex2_25，在设计师界面中设计窗体各控件的布局，如图 2-20 所示。为图中的各控件增加初始显示文本和对象名，如表 2-5 所示。

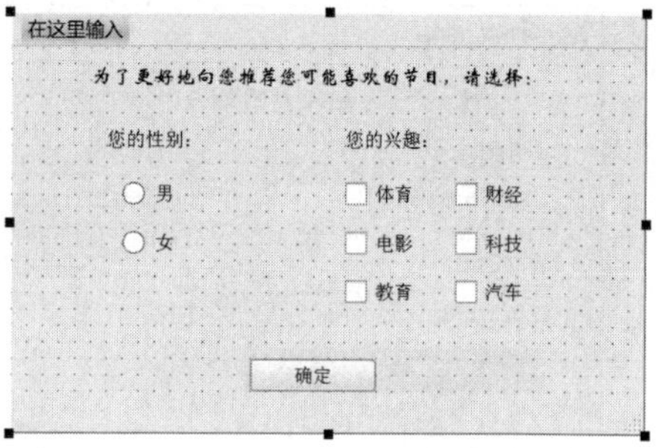


图 2-20　推荐系统的标签选择 UI 设计

表 2-5　推荐系统标签选择布局中各个控件的对象名

| 控件类型 | 初始显示 | 对象名 |
| --- | --- | --- |
| QLabel | 为了更好地向您推荐您可能喜欢的节目，请选择： | --- |
| QLabel | 您的性别： | --- |
| QLabel | 您的兴趣： | --- |
| QRadioButton | 男 | --- |
| QRadioButton | 女 | --- |
| QCheckBox | 体育 | --- |
| QCheckBox | 财经 | --- |
| QCheckBox | 科技 | --- |
| QCheckBox | 教育 | --- |
| QPushButton | 确定 | btn_OK |

这里的 QRadioButton 比较特别，由于是单选，需要确保在“男”“女”中二选一。请使用 Ctrl 按键，选中两个 QRadioButton，点击右键，在弹出的对话框中心选中 Assign to button group（添加到按钮组），之后选择 New button group（新建按钮组），然后可以在 UI 界面右侧的对象浏览器（Object Inspector）中找到新建的 ButtonGroup，并改名为 bGp_Gender。接着，在属性编辑器中将其设置为互斥（exclusive），如图 2-21（a）所示。

用类似的方法将四个复选框设置为一个组 bGp_Interests，并在属性编辑器中将其设置为非互斥，如图 2-21（b）所示。

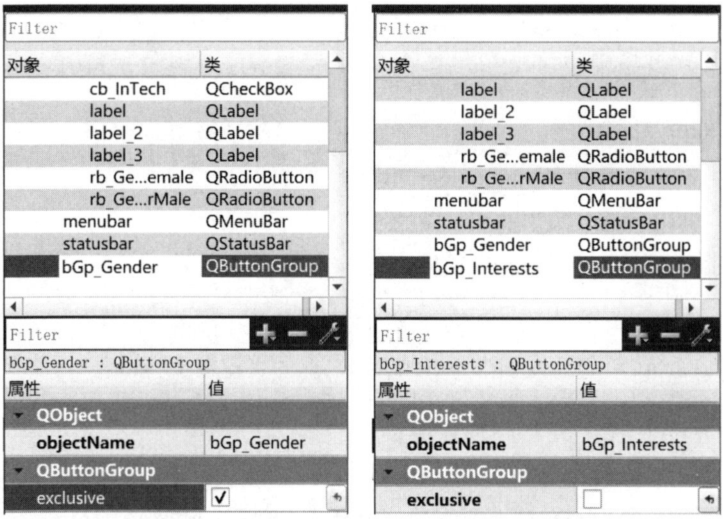


（a）　　　　　　　　　　　　（b）

**图 2-21　设定按钮组**

接着，我们为点击“确定”按钮增加槽函数。在槽函数中首先获取哪个单选按钮被点击了，然后循环判断复选框的点击状态，将点击的复选框的文字用逗号连接成一个完整的字符串。最后，通过新建一个 QMessageBox 对话框，显示用户的性别信息及其感兴趣的领域。

```
void MainWindow::on_btn_OK_clicked()
{
    QString gender= ui->bGp_Gender->checkedButton()->text();
   // 返回单选按钮是否被按下，如果不是单选互斥按钮，则返回最后一个被按下的按钮

    QList<QAbstractButton*> ins_list=ui->bGp_Interests->buttons();
    // 建立一个列表用于存储多个复选框的点击状态
    QString ins;
    for(int i=0;i<ins_list.length();i++)
    {
        QAbstractButton *checkFlag=ins_list.at(i);
        if(checkFlag->isChecked())// 循环查询是否被选中
        {
            if(i==(ins_list.length()-1))
```

```
            ins+=checkFlag->text()+".";
            //若被选中的复选框是最后一个，用句号结尾
        else
            ins+=checkFlag->text()+",";
            //将被选中的复选框对应的文字用逗号连接
    }
}
QString strAll=" 您的性别为 "+gender+"; 您的兴趣在于 "+ins;
//将性别信息和兴趣信息连接起来

QMessageBox box;// 声明一个名为 box 的 QMessageBox 类对象
box.setText(strAll);// 设置 box 对象的文字
box.setWindowTitle(" 根据您的选择：");// 设置 box 的标题
box.exec();// 弹出 box
}
```

运行项目，可以得到如图 2-22 所示的结果。

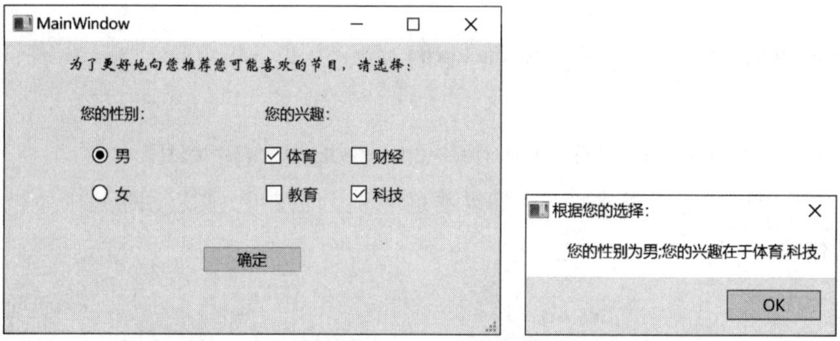


（a）选择界面　　（b）点击“确定”按钮后

**图 2-22　推荐系统的标签选择执行结果**

## 2.2.6　“收视数据展示”实例

Qt 使用 Model/View 结构来管理数据与视图的关系，Model 负责数据的存取，View 负责数据的显示，数据的交互通过 delegate 来实现。

Qt 提供了一些现成的 models 用于处理数据项。其中，QStringListModel 用于存储简单的 QString 列表；QStandardItemModel 用于管理复杂的树型结构数据项，每项都可以包含任意数据；QDirModel 用于提供本地文件系统中的文件与目录信息；QSqlQueryModel、

QSqlTableModel、QSqlRelationTableModel 用来访问数据库。

同时，Qt 也提供了一些现成的 views 用于显示数据。QListView 可以以列表的形式展示数据。QTreeView 用于实现树状链表的显示。QTableView 可以实现类似于 Excel 表格一样的行列形式的数据表示。QColumnView 类提供了一个列视图的模型 / 视图实现。QUndoView 继承自 QListView，可以显示在推送到撤销堆栈 QUndoStack 上的命令列表。在列表中总是选择最近执行的命令为当前项。如果选择其他命令将会调用 QUndoStack.setIndex()，以确保将视图中的文档向前或向后滚动到命令的位置，从而在应用程序中实现撤销 / 重做功能。

本实例通过展示中国视听大数据在 2021 年 5 月的黄金时段电视剧数据收视情况的统计数据，来帮助读者熟悉 Model 与 View 类的使用。通过下面的例程，我们可以熟悉 model 和 view 使用的三个步骤：实例化数据模型 model、准备数据和将数据模型绑定控件。

首先建立一个基于 QMainWindow 类的窗体项目 ex2_26，在设计师界面中设计窗体各控件的布局，如图 2-23 所示。为图中的各控件增加初始显示文本和对象名，如表 2-6 所示。

**图 2-23 “收视数据展示”UI 设计**

**表 2-6 “收视数据展示”中的控件对象名**

| 控件类型 | 初始显示 | 对象名 |
|---|---|---|
| QLabel | 2021 年 5 月每周排行： | --- |
| QTreeView | --- | trV_Month |
| QLabel | 本周排行前五 | --- |
| QListView | --- | lV_Week |
| QLabel | 本周节目收视情况 | --- |
| QTableView | --- | taV_Shoushi |

接着在 QListView 中显示 2021 年 5 月 29 日至 6 月 4 日黄金时段周排行前五的电视剧名称。在 mainwindow.h 中增加数据模型对象指针 model（见第 08 行）。

```
#ifndef MAINWINDOW_H
#define MAINWINDOW_H

#include <QMainWindow>
#include <QStringListModel>// 数据模型类
//......
public:
    QStringListModel *model; // 实例化数据模型
};
#endif // MAINWINDOW_H
```

我们希望在应用被创建时将 2021 年 5 月 29 日至 6 月 4 日黄金时段周排行前五的电视剧名称显示在 QListView 中，因此需在 mainwindow.cpp 中的构造函数中增加如下代码：

```
MainWindow::MainWindow(QWidget *parent)
    : QMainWindow(parent)
    , ui(new Ui::MainWindow)
{
    ui->setupUi(this);
    QStringList strList; //StringList 数组
    strList.append(" 中流击水 ");// 将数据存入数组
    strList.append(" 向警予 ");
    strList.append(" 温暖的味道 ");
    strList.append(" 光荣与梦想 ");
    strList.append(" 绝密使命 ");

    model = new QStringListModel(strList);// 添加数据
    ui->lV_Week->setModel(model);// 将数据绑定 listView 控件
}
```

现在运行程序，可以得到图 2-24 左侧的结果。接下来我们实现点击 QListView 的一行，根据点击的相应顺序，弹出列表中的项目。在 QListView 上右键点击“转到槽”，然后选择 QAbstractItemView 中的 clicked（QModelIndex），代码生成器会生成一个名为 on_lV_Week _clicked() 的槽函数。在槽函数中增加如下功能代码：

```
void MainWindow:: on_ lV_Week _clicked (const QModelIndex &index)
{
    QString strTemp;
    strTemp = index.data().toString();
    // 根据 List 被点击索引获取数据并转换为字符串

    // 通过消息框显示字符串
    QMessageBox msg;
    msg.setText(strTemp);
    msg.exec();
}
```

现在运行程序，当点击“光荣与梦想”时，会弹出一个如图 2-24 右侧所示的消息对话框。

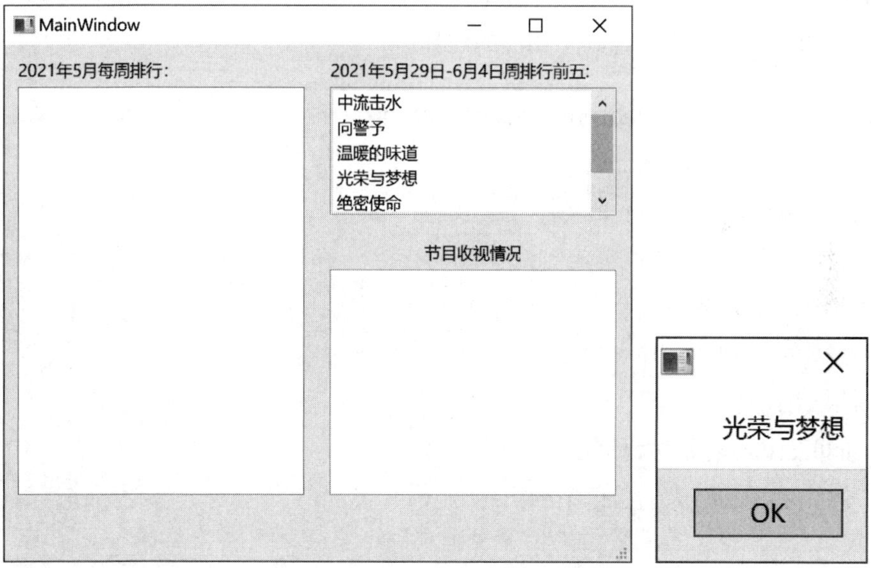


**图 2-24　收视率收视周排行数据展示**

下面我们修改代码将 5 月每周的排行数据展示在 QTreeView 中。QTreeView 需要使用 QStandardItemModel 模型对象，因此需要在 mainwindow.h 文件中增加头文件 #include <QStandardItemModel>，并声明模型。在程序结构上，如果将 QTreeView 和 QListView 的初始化都写在 MainWindow 的构造函数中，会导致构造函数过于庞大，因此可以将 QTreeView 和 QListView 初始化显示抽象为 initTreeView() 和 initListView() 两个函数（第 08 行和第 09 行）。

```
#include <QMainWindow>
#include <QStringListModel>// 数据模型类
#include <QStandardItemModel>// 数据模型类
//…
public:
    QStringListModel *model; // 声明数据模型指针
    QStandardItemModel *ItemModel; // 声明数据模型指针
    void initListView();
    void initTreeView();

private slots:
     void on_lV_Week_clicked(const QModelIndex &index);
};
```

将前述 QListView 初始化代码移动至 initListView() 函数，之后补充 initTreeView() 的实现。详见如下代码，请注意其中相应的注释。

```
MainWindow::MainWindow(QWidget *parent)
    : QMainWindow(parent)
    , ui(new Ui::MainWindow)
{
    ui->setupUi(this);
    this->setWindowTitle(“2021 年 5 月收视大数据 ”);
    // 调用抽象后的函数
     initListView();// 初始化 ListView
     initTreeView();// 初始化 TreeView
}
void MainWindow::initListView()
{
    //   ListView
    QStringList strList; //StringList 数组
    strList.append(“ 中流击水 ”);// 将数据存入数组
    strList.append(“ 向警予 ”);
    strList.append(“ 温暖的味道 ”);
```

```
    strList.append(“ 光荣与梦想 ”);
    strList.append(“ 绝密使命 ”);

    model = new QStringListModel(strList);// 添加数据
    ui->lV_Week->setModel(model);// 将数据绑定 listView 控件
}
void MainWindow::initTreeView()
{
    // TreeView
  ItemModel = new QStandardItemModel(ui->trV_Month);// 创建模型指定父类
  ItemModel->setHorizontalHeaderLabels(QStringList()<<QStringLiteral
    (“2021 年 5 月 ”));// 设置水平头标签
    // 定义第一个节点 Item
  ItemModel->setItem(0,0,new QStandardItem(“01 日 -07 日 ”));
  ItemModel->item(0,0)->setChild(0,0,new QStandardItem(“ 绝密使命 ”));
// setChild 设置子节点 Child
  ItemModel->item(0,0)->setChild(1,0,new QStandardItem(“ 小舍得 ”));
  ItemModel->item(0,0)->setChild(2,0,new QStandardItem(“ 武当一剑 ”));
  ItemModel->item(0,0)->setChild(3,0,new QStandardItem(“ 温州三家人 ”));
  ItemModel->item(0,0)->setChild(4,0,new QStandardItem(“ 啊摇篮 ”));
    // 定义第二个节点
  ItemModel->setItem(1,0,new QStandardItem(“08 日 -14 日 ”));
  ItemModel->item(1,0)->setChild(0,0,new QStandardItem(“ 绝密使命 ”));
  ItemModel->item(1,0)->setChild(1,0,new QStandardItem(“ 温州三家人 ”));
  ItemModel->item(1,0)->setChild(2,0,new QStandardItem(“ 生活家 ”));
  ItemModel->item(1,0)->setChild(3,0,new QStandardItem(“ 八零九零 ”));
   ItemModel->item(1,0)->setChild(4,0,new QStandardItem(“ 啊摇篮 ”));
    // 定义第三个节点
  ItemModel->setItem(2,0,new QStandardItem(“15 日 -21 日 ”));
  ItemModel->item(2,0)->setChild(0,0,new QStandardItem(“ 中流击水 ”));
  ItemModel->item(2,0)->setChild(1,0,new QStandardItem(“ 生活家 ”));
  ItemModel->item(2,0)->setChild(2,0,new QStandardItem(“ 温暖的味道 ”));
  ItemModel->item(2,0)->setChild(3,0,new QStandardItem(“ 八零九零 ”));
```

```
ItemModel->item(2,0)->setChild(4,0,new QStandardItem(" 啊摇篮 "));
 // 定义第四个节点
ItemModel->setItem(3,0,new QStandardItem("22 日 -28 日 "));
ItemModel->item(3,0)->setChild(0,0,new QStandardItem(" 中流击水 "));
ItemModel->item(3,0)->setChild(1,0,new QStandardItem(" 生活家 "));
ItemModel->item(3,0)->setChild(2,0,new QStandardItem(" 向馨予 "));
ItemModel->item(3,0)->setChild(3,0,new QStandardItem(" 温暖的味道 "));
ItemModel->item(3,0)->setChild(4,0,new QStandardItem(" 啊摇篮 "));

 // 设置可选框
ItemModel->item(0,0)->setCheckable(true);
ItemModel->item(1,0)->setCheckable(true);
ItemModel->item(2,0)->setCheckable(true);
ItemModel->item(3,0)->setCheckable(true);

 // 将 QStandardItemModel 数据绑定 QTreeView 控件
ui->trV_Month->setModel(ItemModel);
}
```

此时运行项目，会得到如图 2–25 所示结果。其中，图 2–25（a）为运行后的状态，图 2–25（b）为点击 Item 左侧的 “>” 后的展开状态。

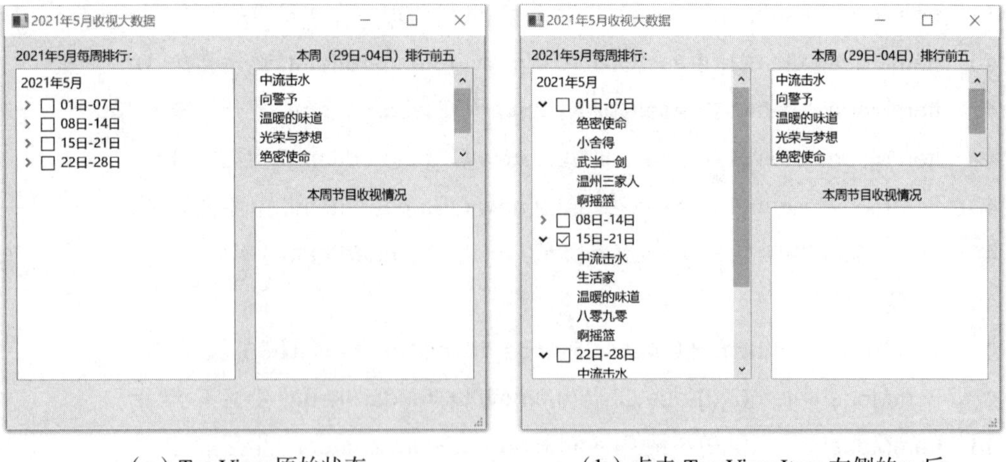


（a）TreeView 原始状态　　（b）点击 TreeView Item 左侧的 > 后

**图 2–25　收视数据每周排行展示**

最后，我们还需要将本周节目前五的具体收视情况展示在 QTableView 中。收视情况具体包括每个电视剧的节目名称、集数、收视率、收视份额以及频道名称。这是一个典型的表格数据，非常适合使用 QTableView 进行展示。QTableView 使用的也是 QStandardItemModel 模型对象。因此，首先在 mainwindow.h 中增加数据模型指针声明，同时也为 QTableView 的初始化声明一个函数 initTableView()。如下面代码所示：

```
#include <QMainWindow>
#include <QStringListModel>// 数据模型类
#include <QStandardItemModel>// 数据模型类

public:
    QStringListModel *model;
    QStandardItemModel *ItemModel;
    QStandardItemModel *TableModel;
    void initListView();
    void initTreeView();
    void initTableView();
private slots:
    void on_lV_Week_clicked(const QModelIndex &index);
};
```

之后在 mainwindow.cpp 中补充 QTableView () 的实现，详见如下代码，请注意其中相应的注释。

```
void MainWindow::initTableView()
{
    // 实例数据模型并指定父类
    TableModel = new QStandardItemModel(this);
   // TableModel->clear();

    // 定义列并设置列字段名
    TableModel->setColumnCount(4);
    TableModel->setHeaderData(0,Qt::Horizontal, “ 节目名称 ”);
    TableModel->setHeaderData(1,Qt::Horizontal, “ 集数 ”);
    TableModel->setHeaderData(2,Qt::Horizontal, “ 收视率 ”);
    TableModel->setHeaderData(3,Qt::Horizontal, “ 收视份额 ”);
```

```
// 设置自适应列宽
ui->taV_Shoushi->horizontalHeader()->
  setSectionResizeMode(QHeaderView::Stretch);

//0 行 0 列 ~4 行 3 列
// 第一行数据
TableModel->setItem(0,0,new QStandardItem(“ 向警予 ”));
TableModel->setItem(0,1,new QStandardItem(“12-28”));
TableModel->setItem(0,2,new QStandardItem(“1.404%”));
TableModel->setItem(0,3,new QStandardItem(“5.84%”));
// 第二行数据
TableModel->setItem(1,0,new QStandardItem(“ 中流击水 ”));
TableModel->setItem(1,1,new QStandardItem(“17-28”));
TableModel->setItem(1,2,new QStandardItem(“0.713%”));
TableModel->setItem(1,3,new QStandardItem(“3.074%”));
// 第三行数据
TableModel->setItem(2,0,new QStandardItem(“ 温暖的味道 ”));
TableModel->setItem(2,1,new QStandardItem(“21-32”));
TableModel->setItem(2,2,new QStandardItem(“0.502%”));
TableModel->setItem(2,3,new QStandardItem(“2.145%”));

// 第四行数据
TableModel->setItem(3,0,new QStandardItem(“ 光荣与梦想 ”));
TableModel->setItem(3,1,new QStandardItem(“8-20”));
TableModel->setItem(3,2,new QStandardItem(“0.317%”));
TableModel->setItem(3,3,new QStandardItem(“1.316%”));

// 第五行数据
TableModel->setItem(4,0,new QStandardItem(“ 绝密使命 ”));
TableModel->setItem(4,1,new QStandardItem(“7-20”));
TableModel->setItem(4,2,new QStandardItem(“0.282%”));
TableModel->setItem(4,3,new QStandardItem(“1.166%”));
```

```
//将数据模型绑定控件
ui->taV_Shoushi->setModel(TableModel);
}
```

然后，在构造函数 MainWindow::MainWindow（QWidget *parent ）中增加对 initTableView() 函数的调用。此时运行项目会得到如图 2–26 所示的结果。

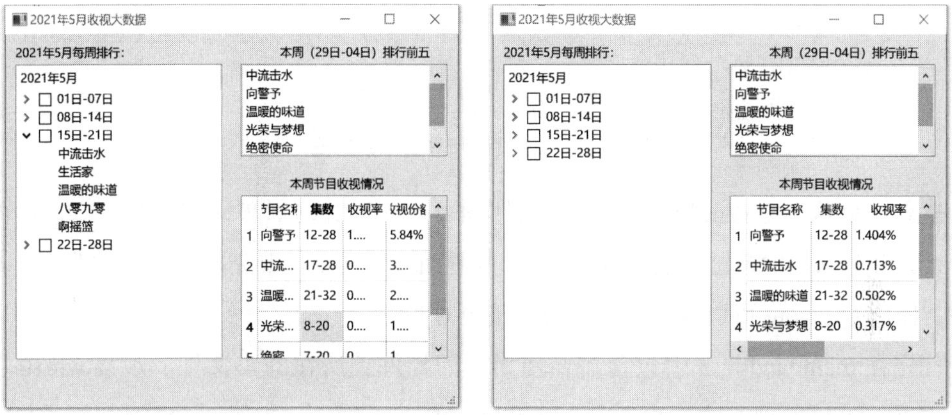


（a）设置自适应列宽　　　　（b）取消自适应列宽

**图 2–26　收视数据展示**

## 2.2.7　“计算器”实例

本小节通过编写程序的方式建立一个“计算器”，帮助读者熟悉 Qt 布局常用类的使用。Qt 的布局是通过布局管理器来实现的，布局管理器负责在父类窗口部件区域构建子窗口部件，使得放置在窗体中的每个窗口部件都有一个适合的大小和位置，并且能够随着应用程序本身的变化而变化，从而达到不改变整体的布局结构的效果。

Qt 提供了 QGridLayout 类、QHBoxLayout 类、QVBoxLayout 类、QFormLayout 类等基本的布局管理。QHBoxLayout 在水平方向排列控件，亦即左右排列；QVBoxLayout 在垂直方向排列控件，亦即上下排列；QGridLayout 为网格布局，将它所管理的部件以一定的矩阵形式排列。QFormLayout 管理输入型控件和关联的标签组成的那些 Form 表单，其中的控件以两列的形式被布局在表单中，左列包括标签，右列包含输入控件，如 QLineEdit、QSpinBox 等。Qt 布局中常用的方法有两种：addWidget() 用于在布局中插入控件，addLayout() 用于在布局中插入子布局。

通过布局管理器进行布局的最简单方式是在 UI 设计师管理界面中拖入相应的布局组件，如图 2–27 所示。

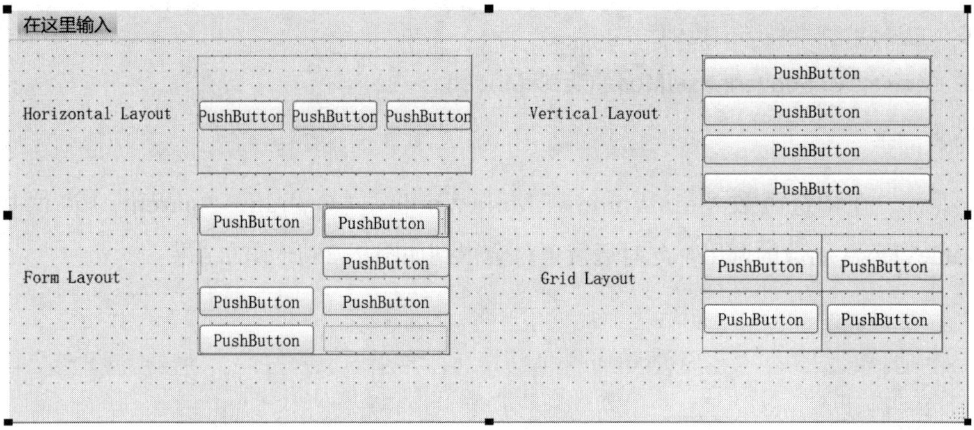


**图 2-27　UI 设计师界面中的布局**

建立一个基于 QMainWindow 类的窗体项目 ex2_27，之后进入编辑状态。前面的实例中，大部分布局的调整是通过在 UI 设计师界面人工调整位置完成的，费时费力。本实例中，借助 QLayout 可以方便地实现布局甚至对齐。

首先在 mainwindow.h 中包含需要使用到的控件类所在的头文件。观察 win10 自带的计算器，可以发现其主要由 LineEdit 和 PushButton 组成，如图 2-28（a）所示。除此之外，本例中还会使用布局类和子窗口类。本例中将下方键盘设计为一个网格布局，和上面的 LineEdit 一起构成完整的垂直布局。因此，在 mainwindow.h 中需要包含的头文件如下：

```
#include <QLineEdit>// 控件类
#include <QPushButton> // 控件类
#include <QVBoxLayout> // 垂直布局
#include <QGridLayout> // 网格布局
#include <QWidget> // 子窗口类
```

接着在该头文件中加入所有控件的指针，名称分别如下：

```
// 控件指针声明
QLineEdit *leDisplay;// 上方 LineEdit
QPushButton *btn1; // 数字按钮 1
QPushButton *btn2; // 数字按钮 2
QPushButton *btn3; // 数字按钮 3
QPushButton *btn4; // 数字按钮 4
QPushButton *btn5; // 数字按钮 5
```

```
QPushButton *btn6; // 数字按钮 6
QPushButton *btn7; // 数字按钮 7
QPushButton *btn8; // 数字按钮 8
QPushButton *btn9; // 数字按钮 9
QPushButton *btn0; // 数字按钮 0
QPushButton *btnPoint;  // 按钮 .
QPushButton *btnAdd;    // 按钮 +
QPushButton *btnMinus;  // 按钮 -
QPushButton *btnTimes;  // 按钮 +/-
QPushButton *btnAm;     // 按钮 ÷
QPushButton *btnEquals; // 按钮 =
QPushButton *btnPercent; // 按钮 %
QPushButton *btnClear;  // 按钮 C
QPushButton *btnBack;   // 按钮回退
QPushButton *btnDivided; // 按钮 ×
```

接下来，在 mainwindow.cpp 中进行布局。思路为：（1）先创建控件实例，之后创建垂直主布局并将 LineEdit 控件加入主布局，这样 LineEdit 控件将显示在上方。（2）创建并实例化下方的网格布局，在对应位置增加按钮。（3）将网格布局加入主布局，这样网格布局将出现在垂直主布局的下方。（4）创建并实例化子窗口，将其与主布局绑定，之后绑定界面，进行显示。实现本思路的代码如下：

```
#include "mainwindow.h"
#include "ui_mainwindow.h"

MainWindow::MainWindow(QWidget *parent)
    : QMainWindow(parent)
    , ui(new Ui::MainWindow)
{
    ui->setupUi(this);

    this->setGeometry(0,0,200,240);// 设置窗口大小
    this->setFixedSize(this->width(),this->height());// 不允许改变大小
    this->setWindowFlags(Qt::WindowCloseButtonHint);// 去掉最大最小化
```

```
this->setWindowTitle(“ 计算器 ”);

// 创建所有控件实例
leDisplay=new QLineEdit();// 创建 LineEdit 实例
leDisplay->setText(“0”);// 初始显示为 0

btn1 = new QPushButton(“1”);    // 数字按钮 1
btn2 = new QPushButton(“2”);    // 数字按钮 2
btn3 = new QPushButton(“3”);    // 数字按钮 3
btn4 = new QPushButton(“4”);    // 数字按钮 4
btn5= new QPushButton(“5”);     // 数字按钮 5
btn6 = new QPushButton(“6”);    // 数字按钮 6
btn7 = new QPushButton(“7”);    // 数字按钮 7
btn8 = new QPushButton(“8”);    // 数字按钮 8
btn9 = new QPushButton(“9”);    // 数字按钮 9
btn0 = new QPushButton(“0”);    // 数字按钮 0
btnPoint = new QPushButton(“.”);    // 按钮 .
btnAdd = new QPushButton(“+”);      // 按钮 +
btnMinus= new QPushButton(“-”);     // 按钮 -
btnTimes = new QPushButton(“×”);    // 按钮 ×
btnDivided = new QPushButton(“÷”);  // 按钮 ÷
btnEquals = new QPushButton(“=”);   // 按钮 =
btnPercent = new QPushButton(“%”);  // 按钮 %
btnClear= new QPushButton(“C”);     // 按钮 C
btnBack =new QPushButton(“<-”);     // 按钮回退
btnAm =new QPushButton(“+/-”);      // 按钮 +/-

// 创建布局
QVBoxLayout *mainLayout=new QVBoxLayout;
// 垂直布局，用于布局 LineEdit 和 GridLayout
mainLayout->addWidget(leDisplay);// 将 leDisplay 控件加入主布局
QGridLayout *numberLayout=new QGridLayout;// 实例化网格布局
```

```
//第一行
numberLayout->addWidget(btnPercent,0,0,1,1);// 在 (0,0) 位置增加 % 按钮
numberLayout->addWidget(btnClear,0,1,1,1);// 在 (0,1) 位置增加 C 按钮
numberLayout->addWidget(btnBack,0,2,1,1);// 在 (0,2) 位置增加回退按钮
numberLayout->addWidget(btnDivided,0,3,1,1);// 在 (0,3) 位置增加 ÷ 按钮
//第二行
numberLayout->addWidget(btn7,1,0,1,1);// 类似于第一行
numberLayout->addWidget(btn8,1,1,1,1);
numberLayout->addWidget(btn9,1,2,1,1);
numberLayout->addWidget(btnTimes,1,3,1,1);
//第三行
numberLayout->addWidget(btn4,2,0,1,1); // 类似于第一行
numberLayout->addWidget(btn5,2,1,1,1);
numberLayout->addWidget(btn6,2,2,1,1);
numberLayout->addWidget(btnMinus,2,3,1,1);
//第四行
numberLayout->addWidget(btn1,3,0,1,1); // 类似于第一行
numberLayout->addWidget(btn2,3,1,1,1);
numberLayout->addWidget(btn3,3,2,1,1);
numberLayout->addWidget(btnAdd,3,3,1,1);
//第四行
numberLayout->addWidget(btnAm,4,0,1,1); // 类似于第一行
numberLayout->addWidget(btn0,4,1,1,1);
numberLayout->addWidget(btnPoint,4,2,1,1);
numberLayout->addWidget(btnEquals,4,3,1,1);

mainLayout->addLayout(numberLayout);// 将 numberLayout 布局加入主布局

// 实例 QWidget
QWidget * widget = new QWidget();
// 绑定布局
```

```
    widget->setLayout(mainLayout);
    // 绑定界面
    this->setCentralWidget(widget);
}

MainWindow::~MainWindow()
{
    delete ui;
}
```

此时运行项目会得到如图 2–28（b）所示的结果。以上代码主要完成了界面的布局，并不包含逻辑设计部分。想继续完成计算器的读者可以在此基础上进行下一步的设计和程序编写。

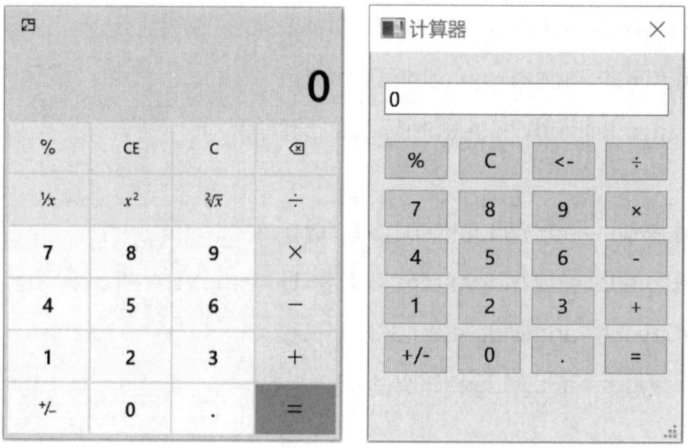


（a）win10 自带计算器　　（b）本例的计算器布局

**图 2–28　“计算器”运行结果**

## 2.2.8　“物流信息查询”实例

本小节通过构建 **“物流信息查询”** 系统帮助读者熟悉多页面切换的实现方法。Qt 中为多页面切换的实现提供了一个专门的容器类型的组件 QTabWidget，它可以实现在同一个窗口中自由切换不同页面的内容，提供了友好的页面切换方式。由于可切换到不同页面（有时也称标签），通过使用 QTabWidget 可以大大提高软件可容纳的控件数量；通过增加标签，也大大增加了可使用的页面数量。多页面切换十分常见，如图 2–29 所示为 Qt Creator 中的多页面切换效果。

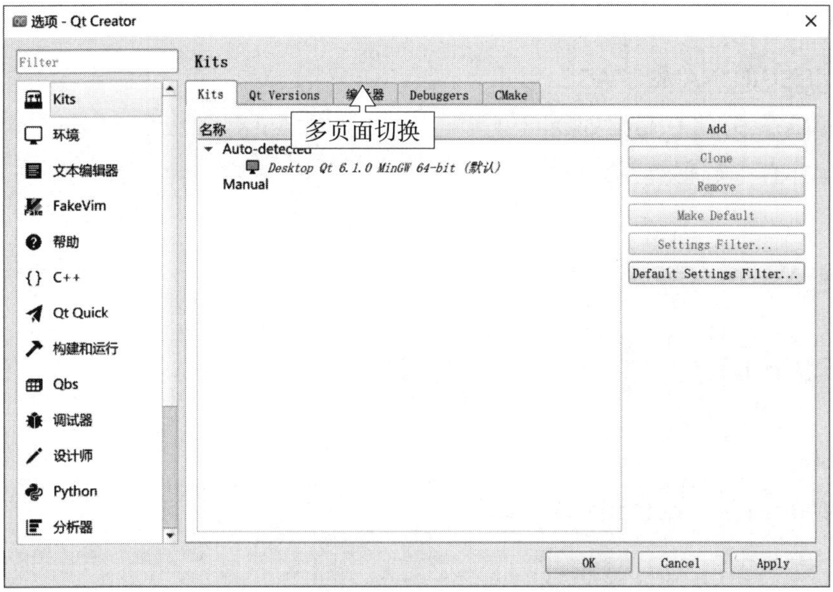


**图 2-29　Qt Creator 中的多页面切换**

QTabWidget 包含标签栏（QTabBar）和一个“页面区”。页面区用于显示每个选项卡的页面。每个选项卡都是关联到一个不同的窗口小部件（页面）。只有当前页才会显示在页面区域，所有其他页面都是隐藏的。标签栏用于切换，默认情况下显示在页面区上方，但是可以通过 QTabPosition 改变这种默认方式。用户还可以使用 Tab 键来选择不同的页面，或者如果选项卡有快捷键也可以使用快捷键（Alt + 字母）来切换页面。当用户选择一个页面时，就会产生一个 currentChanged() 信号，程序中可以使用 currentIndex() 和 currentWidget() 分别获取当前页面的索引和当前的窗口部件。

我们在本实例中模拟**物流查询系统**。需要注意的是，本部分重点讲解 QTabWidget 的使用，因此实例的逻辑功能并未实现。新建一个基于 QWidget 的项目，命名为 ex2_28，首先在 widget.h 中包含要使用的头文件，并声明一个 QTabWidget 指针 tabWidget。后面程序将基于此指针进行操作。

```
#include <QWidget>
#include <QTabWidget>// 使用 QTabWidget 类
#include <QLineEdit>// 使用 QLineEdit 类
#include <QPushButton>// 使用 QPushButton 类
#include <QLabel>// 使用 QLabel 类
#include <QHBoxLayout>// 使用 QHBoxLayout 类
#include <QVBoxLayout>// 使用 QVBoxLayout 类
```

```
QT_BEGIN_NAMESPACE
namespace Ui { class Widget; }
QT_END_NAMESPACE
class Widget : public QWidget
{
    Q_OBJECT
public:
    Widget(QWidget *parent = nullptr);
    ~Widget();
private:
    Ui::Widget *ui;
    QTabWidget *tabWidget;// 声明 QTabWidget 类指针
};
```

使用 QTabWidget 的方法是:（1）创建一个 QTabWidget 对象。（2）为选项卡对象中每个页面创建 QWidget 对象（页面对象），但不要为它们指定父对象。（3）把子部件插入页面部件中，并使用布局管理器管理这些部件。（4）调用 addTab() 或者 insertTab() 把页面对象放置到选项卡对象中，给每个标签设置合适的标签名，也可以设定一个可选的键盘快捷方式。下面的代码按照标准流程进行了代码扩充，详见有注释部分。

```
Widget::Widget(QWidget *parent)
    : QWidget(parent)
    , ui(new Ui::Widget)
{
    ui->setupUi(this);
    this->setGeometry(0,0,400,400);// 设置窗口大小
    this->setFixedSize(this->width(),this->height());// 不允许改变大小
    this->setWindowTitle(" 订单查询 ");
```

```
// 新建第一个页面的部件
QLabel *label1 = new QLabel(" 请输入 6 位订单编号：");
QLineEdit *lineEdit = new QLineEdit("000000");
QPushButton *pushButton = new QPushButton(" 确认 ");

QVBoxLayout *Layout1 = new QVBoxLayout();// 建立一个垂直布局
Layout1->addWidget(label1);// 将 label1 加入布局
Layout1->addWidget(lineEdit);// 将 lineEdit 加入布局
Layout1->addWidget(pushButton);// 将 pushButton 加入布局

QWidget *widget1 = new QWidget();// 实例 QWidget
widget1->setLayout(Layout1);// 在当前页面启用布局

// 新建第二个页面的部件
QLabel *label21 = new QLabel(" 暂无历史信息 .");
QLabel *label22 = new QLabel(" 请耐心等待 .");

QHBoxLayout *layout2 = new QHBoxLayout();
layout2->addWidget(label21);
layout2->addWidget(label22);

QWidget *widget2 = new QWidget();
widget2->setLayout(layout2);

// 新建第三个页面的部件
QLabel *label3 = new QLabel(" 空空如也 ");

tabWidget = new QTabWidget();// 新建整个 TabWidget
//tabWidget->setTabsClosable(true);// 打开页面关闭按钮
// 向 QTabWidget 中添加第一个页面
tabWidget->addTab(widget1, " 查询 ");
// 向 QTabWidget 中添加第二个页面
tabWidget->addTab(widget2, " 历史 ");
```

```
    // 向 QTabWidget 中添加第三个页面
    tabWidget->addTab(label3, "更多信息");

    //tabWidget
    QHBoxLayout *layout = new QHBoxLayout();
    layout->addWidget(tabWidget);
    this->setLayout(layout);
}
```

运行程序后，得到如图 2-30 所示的结果。

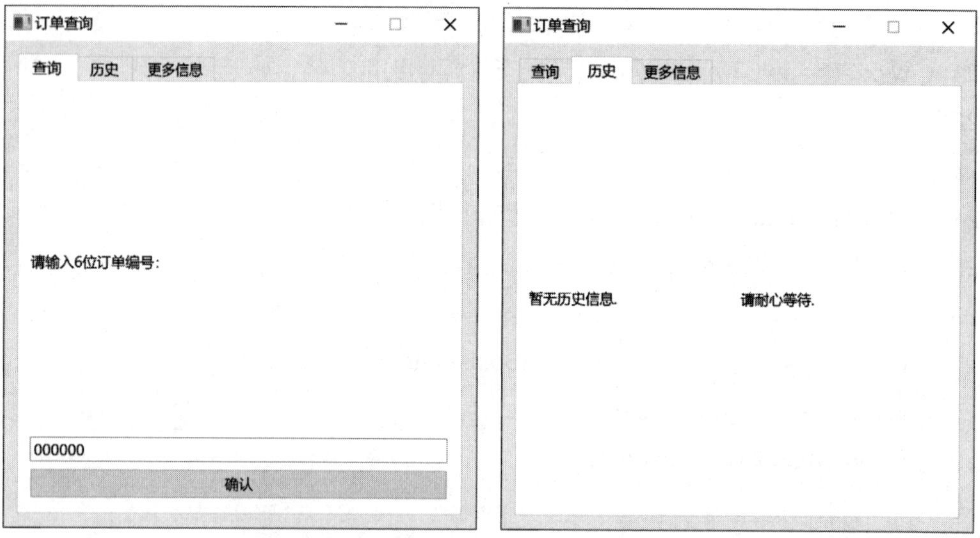


**图 2-30　基于多页面切换的“物流信息查询”**

### 2.2.9　“MyQt”实例

菜单、下拉菜单、工具条等是桌面应用中常见的组件，图 2-31 指示了 DevCpp 中的菜单栏和工具条。菜单栏（Menu）是一种树型结构，为软件的大多数功能提供功能入口，一般置于窗口的最上方。应用程序能使用的所有命令几乎全部都能被放入菜单栏中。菜单的重要程度一般是从左到右，越往右重要度越低。如文件的操作、编辑功能等一般置于最左边，最右边往往设有帮助。而子菜单的层次一般根据应用程序的不同而不同，代表某一菜单命令下的子命令或下层命令。工具条（Toolbar）又名工具栏，一般是显示位图式按钮行的控制条，位图式按钮用来执行命令。工具条中的命令往往和菜单栏中的命令有对应关系。

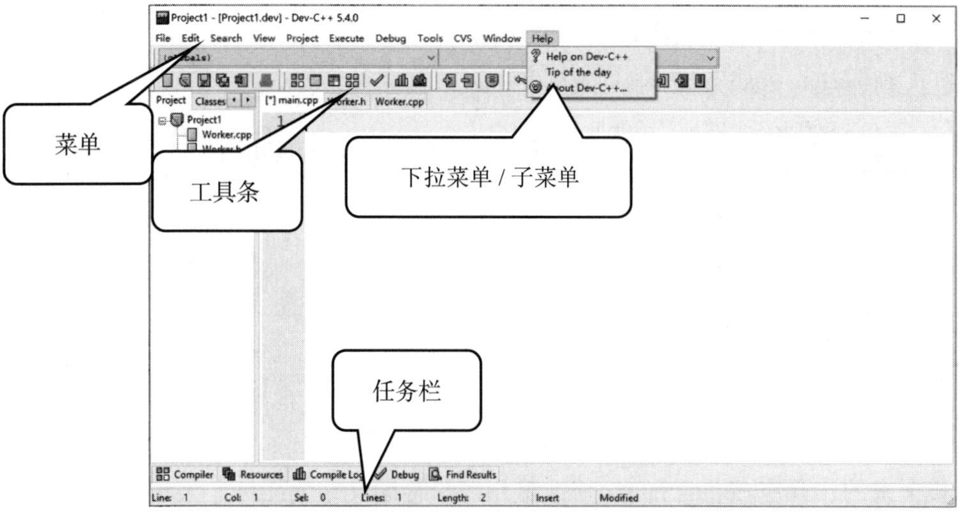


**图 2-31　DevCPP 中的菜单栏和工具条**

Qt 中与菜单栏和工具条相关的类包括 QMenu（菜单）、QMenuBar（菜单栏）、QAction 和 QToolBar（工具条）等。其中，QAction 类提供了一个可以同时出现在菜单和工具条中的抽象用户界面操作，自动同步菜单栏和工具条中的操作，它本身是不可见的。QAction 的操作可以包含图标、菜单文本、快捷键、状态条文本、工具提示等。Action 的主要信号是 trigger() 和 trigger（bool），表示该操作被触发，如菜单被点击、工具栏按钮被点击等。

本小节将建立一个基于 MainWindow 的项目“MyQt”（ex2_29）。本项目将制作一个类似于 DevCpp 和 Qt Creator 的应用，目标是熟悉如何增加并使用 File、Edit、Help 菜单及其子菜单，以及相应的工具条。首先需要在项目中导入图片资源。项目需要的图片资源包括用于标题栏图标的 ico 文件，以及用在菜单和工具条中的新建、关闭、打开和存储图片。

由于需要建立菜单和标题栏，需要首先在 mainwindow.h 中增加相应的头文件，并声明需要增加的各菜单和工具条按钮的对象指针。

```
#include <QMenu>// 菜单
#include <QMenuBar>// 菜单栏
#include <QAction>// 同步菜单和工具条
#include <QToolBar>// 工具条
//……
private:
```

```
QMenu *fileMenu, *editMenu, *helpMenu;
// 文件菜单、编辑菜单、帮助菜单
QToolBar *fileToolBar, *helpToolBar;
// 文件工具条、帮助工具条
QAction *newAct;// 新建操作
QAction *openAct;// 打开操作
QAction *saveAct;// 存储操作
QAction *closeAct;// 关闭操作
QAction *aboutAct;// 关于操作
```

接下来的步骤应该包含：（1）修改应用窗口标题文字、图标、大小属性；（2）实例化文件菜单、编辑菜单、帮助菜单；（3）设定菜单 QAction 操作，这里的操作包括新建、关闭、打开、存储、帮助；（4）将设定好操作的 QAction 增加到对应菜单中；（5）将设定好的 QAction 增加到对应工具条中。因此需要在 mainwindow.cpp 中增加下面的代码。

```
MainWindow::MainWindow(QWidget *parent)
  : QMainWindow(parent)
  , ui(new Ui::MainWindow)
{
  ui->setupUi(this);
  this->setWindowTitle(“MyQt”);
  // 设定标题
  this->setWindowIcon(QIcon(“:/new/prefix1/1ico”));
  // 设定图标
  this->setGeometry(100,100,600,400);
  // 设定大小

  // 实例菜单
  fileMenu = new QMenu(this);// 文件菜单
  editMenu = new QMenu(this);// 编辑菜单
  helpMenu = new QMenu(this);// 帮助菜单
  // 设定菜单 QAction
  newAct = new QAction(QIcon(“:/new/prefix1/newpng”),QString(“ 新建 ”),this );
  //“ 新建 ”Action 的图标、文字、父窗口
```

```
newAct->setShortcut(QString("Ctrl+N" ));// 快捷键
newAct->setStatusTip(QString(" 新建文件 " ));// 状态栏提示

openAct = new QAction(QIcon(":/new/prefix1/openpng"), QString(" 打开 "), this);
//" 打开 "Action 的图标、文字、父窗口
openAct->setShortcut(QString("Ctrl+O" ));// 快捷键
openAct->setStatusTip(QString(" 打开文件 " ));// 状态栏提示
saveAct = new QAction(QIcon(":/new/prefix1/savepng"),QString(" 存储 "), this);
 //" 存储 "Action 的图标、文字、父窗口
saveAct->setShortcut(QString("Ctrl+S" ));// 快捷键
saveAct->setStatusTip(QString(" 存储内容 " ));// 状态栏提示
closeAct = new QAction(QIcon(":/new/prefix1/closepng")QString(" 关闭 "), this);
 //" 关闭 "Action 的图标、文字、父窗口
closeAct->setShortcut(QString("Ctrl+X" ));// 快捷键
closeAct->setStatusTip(QString(" 关闭 " ));// 状态栏提示

aboutAct =new QAction(QIcon(":/new/prefix1/helppng"),QString(" 关于 MyQt"), this);
 //" 帮助 "Action 的图标、文字、父窗口
aboutAct->setStatusTip(QString(" 关于 MyQt" ));// 状态栏提示

// 填充菜单，这样就可以在菜单中看到所有的操作
fileMenu = menuBar()->addMenu(QString( " 文件 " ));
// 在菜单栏中增加 " 文件 " 菜单
fileMenu->addAction(newAct); // 在 " 文件 " 菜单中增加 " 新建 " 子菜单
fileMenu->addAction(openAct);// 在 " 文件 " 菜单中增加 " 打开 " 子菜单
fileMenu->addAction(saveAct);// 在 " 文件 " 菜单中增加 " 存储 " 子菜单
fileMenu->addSeparator(); // 在 " 文件 " 菜单中增加分隔符
fileMenu->addAction(closeAct);// 在 " 文件 " 菜单中增加 " 关闭 " 子菜单

editMenu = menuBar()->addMenu(QString(" 编辑 " ));
// 在菜单栏中增加 " 编辑 " 菜单
editMenu->addMenu(" 剪切 ");// 在 " 编辑 " 菜单中增加 " 剪切 " 子菜单
```

```
editMenu->addMenu(“ 复制 ”);// 在 “ 编辑 ” 菜单中增加 “ 复制 ” 子菜单
editMenu->addMenu(“ 粘贴 ”);// 在 “ 编辑 ” 菜单中增加 “ 粘贴 ” 子菜单

helpMenu = menuBar()->addMenu(QString(“ 帮助 ” ));
// 在菜单栏中增加 “ 帮助 ” 菜单
helpMenu->addAction(aboutAct);// 在 “ 帮助 ” 菜单中增加 “ 关于 ” 子菜单

// 设置 toolBar 工具条显示
fileToolBar = addToolBar(QString(“ 文件 ”));
// 在工具栏中增加 “ 文件 ” 工具条
// fileToolBar->setStyleSheet(“background:white”);
fileToolBar->addAction(newAct);// 在 “ 文件 ” 工具条中增加 “ 新建 ” 按钮
fileToolBar->addAction(openAct);// 在 “ 文件 ” 工具条中增加 “ 打开 ” 按钮
fileToolBar->addAction(saveAct);// 在 “ 文件 ” 工具条中增加 “ 存储 ” 按钮
fileToolBar->addAction(closeAct);// 在 “ 文件 ” 工具条中增加 “ 关闭 ” 按钮
helpToolBar = addToolBar(QString(“ 帮助 ”));
 // 在工具栏中增加 “ 帮助 ” 工具条
//helpToolBar->setStyleSheet(“background:white”);
helpToolBar->addAction(aboutAct);// 在 “ 帮助 ” 工具条 ” 中增加 “ 关于 ” 按钮
}
```

编译并运行程序，得到的 MyQt 项目已经初具雏形了，如图 2–32 所示。当鼠标悬浮在工具条按钮上时，窗口下放会出现程序中设定的提示。点击菜单，可以看到各项子菜单。

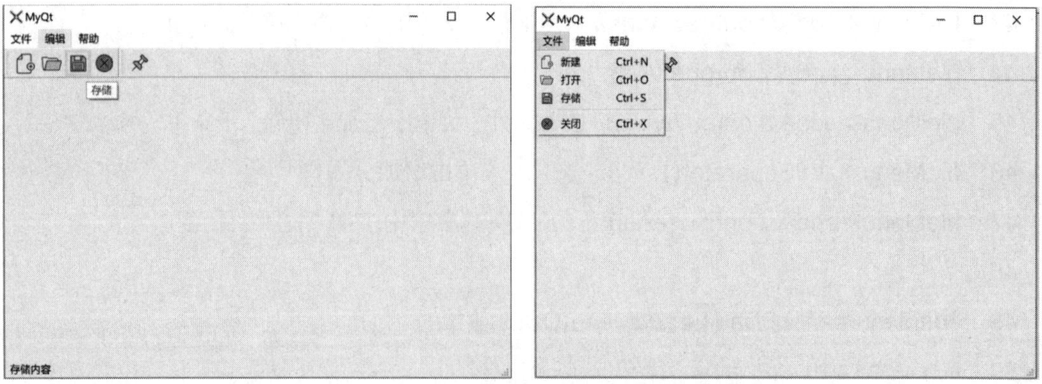


**图 2–32　MyQt 项目的菜单栏和工具栏**

接下来需要为菜单和工具栏按钮增加相应的功能。这就需要增加信号槽。首先增加帮助菜单的信号槽。这里使用 Qt 自带的 aboutQt() 作为槽函数。在程序中增加如下信号槽：

```
connect(aboutAct, SIGNAL(triggered()), qApp, SLOT(aboutQt()));
// 为 aboutAct 增加信号槽，触发时调用 aboutQt() 函数
```

然后增加文件菜单下“新建”子菜单的功能。当触发“新建”子菜单时，调用 newFile() 槽函数。NewFile() 槽函数是新建的自定义函数，需要对其进行定义。这里设定它的功能为当用户点击“新建”时弹出警告对话框，由用户选择是否确认新建文件。

```
connect(newAct, SIGNAL(triggered()), this, SLOT(newFile()));
// 为 newAct 增加信号槽，触发时调用 newFile 函数
void MainWindow::newFile(){
 QMessageBox::warning(this,”Warning”,” 创建新文件？”,
 QMessageBox::Yes | QMessageBox::Default,
 QMessageBox::No);
}
```

至此，一个示例性的“MyQt”项目基本完成了。当用户点击同样功能的按钮或相应的菜单时，会发生相同的行为，如图 2–33 所示。可以看出，QAction 的同步为应用的开发带来了很大便利。

点击菜单栏按钮

点击子菜单

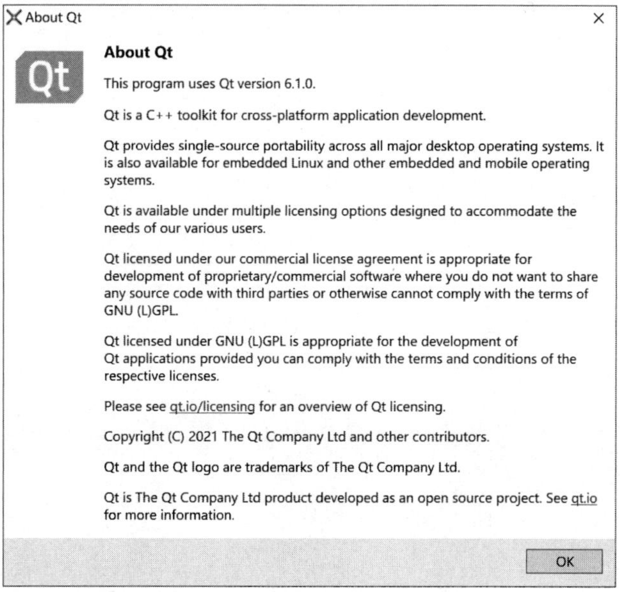


**图 2–33　QAction 的同步效果**

| 提示 | 本章中针对大部分控件或容器进行了示例性的讲解，但是仍有未能详尽之处，还有一些控件/容器没有在本教程的讲解范围内。例如，与 QTabWidget 功能类似或相关的还有 QToolBox、QListWidget 和 QStackedWidget 等。另外，鉴于篇幅原因，已讲解部分也并未能完全涵盖所有方法的使用，建议读者在实践中充分利用 Qt 的帮助文件 ( 快捷键 F1)。 |
|---|---|

## 2.3 思考与练习

1. 基类和派生类是 C++ 语言中的基本概念，说一说什么是基类？什么是派生类？

2. 为什么我们在 2.1.2 节的 QMainWindow 应用中将修改窗口属性的操作放在构造函数中？

3. 练习 2.2.1 至 2.2.9 节中的所有实例，熟悉 Qt 控件和容器的使用。

4. 完成 2.2.1 节项目 ex2_1v2 的“模拟开关”实例，实现在“off”和“on”之间多次切换。

5. 在 2.2.7 节的基础上，完成计算器的计算功能。

# 第 3 章　记事本

**本章学习目标**

- 了解 Qt 开发框架中文件操作的主要类。
- 通过实例，了解系统设计和系统实现的流程。
- 掌握 Qt 菜单、Qt 工具栏的实现。
- 掌握文件处理、文字编辑、修改格式、帮助及信息提供等功能的实现。

本章通过模拟 windows 自带的“记事本”来熟悉 Qt 文件操作。“记事本”功能简单、操作简单，可以无格式保存。很多编程语言的入门教程都会建议使用“记事本”作为程序语言的编辑器。观察 windows 的“记事本”应用程序，其具有新建文件、打开文件、保存文件、退出、复制、粘贴、剪切、打印、查找、替换、格式修改等功能。在图形界面上，windows 的“记事本”包括主菜单、文本编辑区、状态栏、弹出式菜单等部分。当然，除了编辑功能之外，“记事本”程序的核心部分是文件的打开、读取、保存功能，也就是针对文件的操作。因此，本章将首先介绍 Qt 文件操作的背景知识和相关类，之后详细讲述“MyNotes”的设计与实现过程。

## 3.1　文件操作

文件操作是很多应用程序必不可少的部分，尤其是类似于记事本、word、本文编辑器之类的应用程序。

Qt 中的文件被当作一种特殊的外部设备，因此文件操作与外部设备操作相同。也就是说，Qt 的文件以及输入输出的功能也是 QT I/O 系统中的一部分。

Qt 中所有 I/O 设备的基础接口类叫作 QIODevice 类，它为诸如 QFile、QBuffer 和 QTcpSocket 等支持读 / 写数据块的设备提供了一个抽象接口。要注意的是，QIODevice 是一个抽象类（不能被实例化），应用程序往往利用其提供的通用接口实现与设备无关的 I/O 特性。

在 C++ 语言中，我们曾使用 fstream 类进行文件操作。QTC++ 中用于文件操作的类则是上面提到的 QFile 类。QFile 类提供一个用于读 / 写文件的接口，它是一个可以用来读写文本文件、二进制文件和 Qt 资源的 I/O 设备。QFile 对象对应了实际的文件，一个文件使用 open() 打开，使用 close() 关闭，使用 flush() 刷新。QFile 可以单独使用，使用 QIODevice 类提供的 read()、readLine()、readAll() 以及 write() 这样的操作函数，也可以使用 QDataStream 或 QTextStream 类来读写文件。

QFile 类对象的文件名通常可以通过构造函数来传递，或通过 setName() 进行设置。目录分隔符在任何操作系统下都使用“/”。exists() 函数可用于检查一个文件是否存在，remove() 函数用于删除一个文件。更多与操作系统相关的高级文件系统操作则由 QFileInfo 类和 QDir 类提供。

QDir 用于操作路径名称、操作关于路径和文件的访问信息，以及操作底层文件系统。QDir 可以使用相对文件路径或绝对文件路径指向一个文件。绝对路径如 QDir（“C:/QT”）。相对文件名是由一个目录名称或者文件名开始并且指定一个相对于当前路径的路径。isRelative() 函数和 isAbsolute() 函数可用于确认当前使用的是相对路径还是绝对路径。makeAbsolute() 函数可以用于将相对路径转换为绝对路径。

QFileInfo 类提供了一个与平台无关的文件信息类，如文件名称、文件位置、访问权限、是否是符号链接、文件大小、上次修改 / 读写时间等，也能被用于其他 Qt 资源文件。Qt 提供的 QFileDialog 对话框可以用来获取需要打开的文件名称，它提供了很多静态函数，用于获取用户选择的文件。

## 3.2 “MyNotes”系统设计

在介绍完“记事本”应用程序设计中可能会使用到的类之后，本节将对“我的记事本 MyNotes”程序进行整体的功能分析和 UI 设计。

### 3.2.1 功能描述

“MyNotes”桌面程序应至少包含四大功能：文件处理功能、文字编辑功能、修改格式功能、提供帮助及信息。“MyNotes”的功能如图 3–1 所示。

（1）文件处理功能是“MyNotes”的重点功能。具体包括：新建文件、打开已有文件、保存编辑后的文件、将修改过的文件另存、打印、退出程序。

（2）编辑功能包括两类编辑处理。一类是剪切、粘贴、复制、拷贝等基本编辑功能，另一类是查找和替换功能。

（3）格式功能包括字体设定功能和自动换行功能。

（4）帮助菜单中包括向开发者发送反馈及“MyNotes”的相关信息。

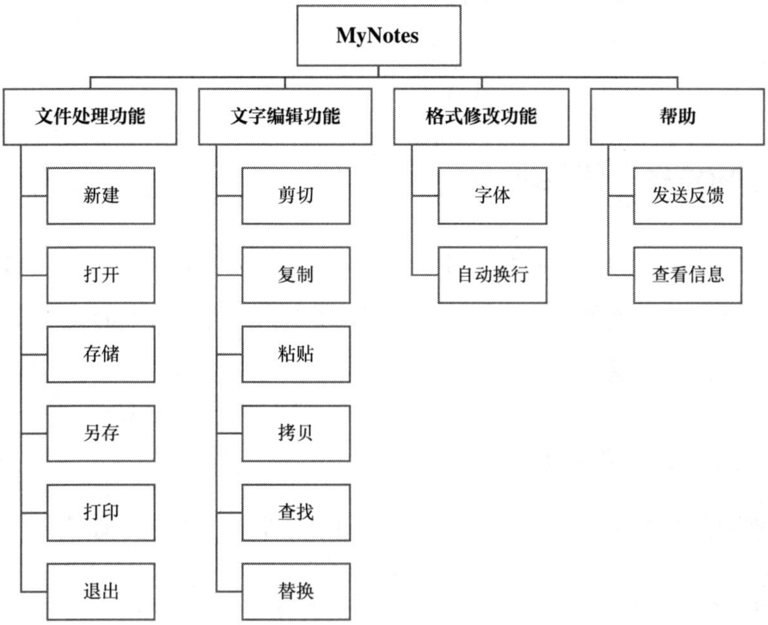


图 3-1　“MyNotes”功能需求

### 3.2.2　主窗口设计

根据上面的功能需求，本节将“MyNotes”的整体界面设定为由三部分组成：菜单栏、工具栏和编辑区。其中，菜单栏包括文件菜单、编辑菜单、格式菜单、帮助菜单，工具栏包含对应文件菜单的文件工具条、对应编辑菜单的编辑工具条，以及对应帮助菜单的关于工具条，如图 3–2 所示。

图 3-2　“记事本”外观设计

“MyNotes”各一级菜单设定如下：

（1）文件子菜单包含新建、打开、保存、另存、打印、退出。

（2）编辑菜单包括剪切、复制、粘贴、查找、替换。

（3）格式菜单包括字体、自动换行。

（4）帮助菜单包括发送反馈、关于记事本。

## 3.3 “MyNotes”的实现

建立一个基于 MainWindow 的项目，将其命名为“MyNotes”。本节后续的内容均是在本项目中添加相应的代码。根据上面的分析，本节将个性记事本的设计分为两个步骤：界面的实现和功能的实现。

### 3.3.1 主窗口 UI 的实现

为了实现如图 3–2 所示的界面，需要按照如下思路进行程序的编写。[①]

(1) 在项目中增加资源文件，并建立 qrc 文件管理所有资源；

(2) 在 mainwidow.h 中增加使用到的控件头文件；

(3) 在 mainwidow.h 中增加新的数据成员，用于表示各菜单、子菜单、工具栏指针等；

(4) 在 mianwindow.h 中增加新的成员函数 setupActions() 用于建立 QActions，新增 setupMenus() 用于封装 UI 界面的初始化操作；

(5) 在 mianwindow.cpp 中实现 setupActions();

(6) 在 mianwindow.cpp 中实现 setupMenus();

(7) 在 mainwindow 的构造函数中调用 setupActions 和 setupMenus()。

#### 3.3.1.1 资源文件导入及管理

本例中需要导入的资源文件包括桌面应用程序的图标文件，以及用于菜单栏和工具条的图示文件，如图 3–3 所示。

① 本例中使用代码增加菜单栏和工具栏，使用 UI 设计师增加菜单栏和工具栏的方法请参考 4.2.3 节。

**图 3-3　“MyNotes”中使用的图片资源**

在工程名点击右键，选择 New | Qt |Qt Resource File，点击 Choose…，在 Location 的 File Name 文本框中填写资源文件名为“images”；之后在左侧的项目视图中 Resources 文件夹下右键点击“images.qrc”，选择 Open in Editor；然后增加前缀 /new/prefix1，并在该前缀下增加所有图像文件，并对应设置别名，如图 3-4 所示。图中图像文件名后的括号里为图像资源的别名。

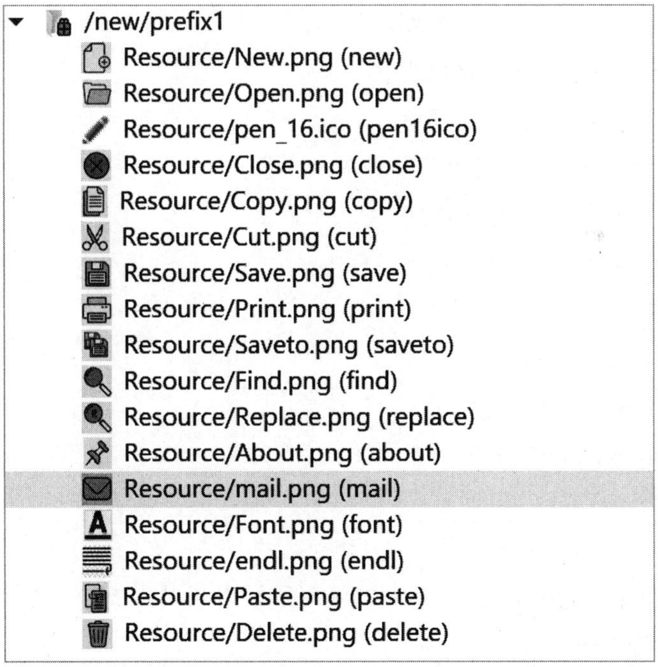


**图 3-4　“MyNotes”中图片的别名**

#### 3.3.1.2　增加头文件

本例中用到了菜单、菜单栏、工具条、图标、文本等，我们还希望菜单栏和工具条功能同步，因此还需要使用 QAction 类。因此，在 mianwindow.h 中，需要增加如下文件：

```
//UI
#include <QMenu> // 菜单
#include <QMenuBar>// 菜单栏
#include <QTextEdit>// 文本
#include <QIcon>// 图标
#include <QToolBar>// 工具条
#include <QAction>//QAction
```

#### 3.3.1.3 增加数据成员

为了建立菜单、子菜单、编辑区等，需在 mianwindow.h 中增加四个主菜单的指针、子菜单的相应指针、文字区域指针等私有数据成员。详见下面的代码：

```
private:
  // 四个主菜单
  QMenu *file_menu;// 文件菜单
  QMenu *edit_menu;// 编辑菜单
  QMenu *format_menu;// 格式菜单
  QMenu *help_menu;// 帮助菜单
  QToolBar *file_tool_bar;// 文件工具条
  QToolBar *edit_tool_bar;// 编辑工具条
  QToolBar *help_tool_bar;// 帮助工具条

  //Action 响应 file_menu
  QAction *new_act;// 新建
  QAction *open_act;// 打开
  QAction *save_act;// 存储
  QAction *saveAs_act;// 另存
  QAction *print_act;// 打印
  QAction *exit_act;// 退出

  //Action 响应 edit_menu
  QAction *cut_act;// 剪切
  QAction *copy_act;// 拷贝
  QAction *paste_act;// 粘贴
```

```
QAction *delete_act;// 删除
QAction *find_act;// 查找
QAction *replace_act;// 替换

//Action 响应 format_menu
QAction *font_act;// 字体
QAction *endl_act;// 自动换行

//Action 响应 help_menu
QAction *mail_act;// 发送反馈
QAction *about_act;// 关于

// 文字编辑区
QTextEdit *text;// 文字区
```

#### 3.3.1.4　声明成员函数 setupMenus() 和 setupActions()

为了代码的可读性和复用性，本例中将界面建立的过程抽象为一个公有成员函数 setupMenus()，将可能触发的行为定义在公有成员函数 setupActions() 中。因此，需要在 mianwindow.h 中增加如下两个公有成员函数的声明：

```
public:
void setupMenus();
void setupActions();
```

#### 3.3.1.5　实现 setupActions()

文件菜单 file_menu、编辑菜单 edit_menu、格式菜单 format_menu、帮助菜单 help_menu 需要在 mianwindow.cpp 的 setupActions() 中定义所有的 QAction 响应（菜单项），以便后面建立完整的菜单。代码中多次使用到 QAction 类的一个构造函数构造菜单项。例如第 04 行中构造了“新建”菜单，且同时设置了新建菜单的图标，并在 05 行设置了“新建”菜单的快捷键。

```
01 void MainWindow::setupActions()
02 {
03     //Action 响应 file_menu
04     new_act = new QAction(QIcon(tr(":/new/prefix1/new")),tr(" 新建 (&N)"),this);
```

```
new_act->setShortcut(QKeySequence::New);
open_act = new QAction(QIcon(tr(“:/new/prefix1/open”)),tr(“打开 (&O)”),this);
open_act->setShortcut(QKeySequence::Open);
save_act = new QAction(QIcon(tr(“:/new/prefix1/save”)),tr(“保存 (&S)”),this);
save_act->setShortcut(QKeySequence::Save);
saveAs_act=new QAction(QIcon(tr(“:/new/prefix1/saveto”)),tr(“另存为 (&A)”),this);
saveAs_act->setShortcut(QKeySequence::SaveAs);
print_act =new QAction(QIcon(tr(“:/new/prefix1/print”)),tr(“打印 (&P)”),this);
print_act->setShortcut(QKeySequence::Print);
exit_act = new QAction(QIcon(tr(“:/new/prefix1/close”)),tr(“退出 (&X)”),this);
exit_act->setShortcut(QKeySequence::Quit);

//Action 响应 edit_menu
cut_act =new QAction(QIcon(tr(“:/new/prefix1/cut”)),tr(“剪切”),this);
cut_act->setShortcut(QKeySequence::Cut);
copy_act  =new QAction(QIcon(tr(“:/new/prefix1/copy”)),tr(“拷贝”),this);
copy_act->setShortcut(QKeySequence::Copy);
paste_act =new QAction(QIcon(tr(“:/new/prefix1/paste”)),tr(“粘贴”),this);
paste_act->setShortcut(QKeySequence::Paste);
delete_act=new QAction(QIcon(tr(“:/new/prefix1/delete”)),tr(“删除”),this);
delete_act->setShortcut(QKeySequence::Delete);
find_act = new QAction(QIcon(tr(“:/new/prefix1/find”)),tr(“查找”),this);
find_act->setShortcut(QKeySequence::Find);
replace_act=new QAction(QIcon(tr(“:/new/prefix1/replace”)),tr(“替换”),this);
replace_act->setShortcut(QKeySequence::Replace);

//Action 响应 format_menu
font_act=new QAction(QIcon(tr(“:/new/prefix1/font”)),tr(“字体”),this);
endl_act=new QAction(QIcon(tr(“:/new/prefix1/endl”)),tr(“自动换行”),this);

//Action 响应 help_menu
mail_act = new QAction(QIcon(tr(“:/new/prefix1/mail”)),tr(“发送反馈”),this);
about_act = new QAction(QIcon(tr(“:/new/prefix1/about”)),tr(“关于”),this);
}
```

### 3.3.1.6　实现 setupMenus()

在 mianwindow.h 中声明的 setupMenus() 函数需要在 mianwindow.cpp 中进行定义和实现。函数体中首先实例化四个菜单（下面代码中的 04 至 07 行），在菜单下增加子菜单并进行属性设置（例如第 10 至 19 行），最后为文件工具栏内增加新建、打开、存储、另存、打印等 Action，为编辑工具栏添加查找、替换 Action，为帮助工具栏增加关于 Action。

```
01 void MainWindow::setupMenus()
02 {
03 //实例化菜单
04  file_menu = new QMenu(this);// 文件菜单
05  edit_menu = new QMenu(this);// 编辑菜单
06  format_menu = new QMenu(this);// 编辑菜单
07  help_menu = new QMenu(this);// 帮助菜单
08
09  // 文件菜单及其子菜单
10  file_menu = menuBar()->addMenu(tr(“ 文件 ”));
11  file_menu->setStyleSheet(“color:brown”);
12  // 将字体颜色设置为棕色
13  file_menu->addAction(new_act);
14  file_menu->addAction(open_act);
15  file_menu->addAction(save_act);
16  file_menu->addAction(saveAs_act);
17  file_menu->addAction(print_act);
18  file_menu->addSeparator();
19  file_menu->addAction(exit_act);
20
21 // 编辑菜单及其子菜单
22  edit_menu = menuBar()->addMenu(tr(“ 编辑 ”));
23  edit_menu->setStyleSheet(“color:brown”);
24  // 将字体颜色设置为棕色
25  edit_menu->addAction(cut_act);
26  edit_menu->addAction(copy_act);
27  edit_menu->addAction(paste_act);
```

```
edit_menu->addAction(delete_act);
edit_menu->addSeparator();
edit_menu->addAction(find_act);
edit_menu->addAction(replace_act);

// 格式菜单及其子菜单
format_menu= menuBar()->addMenu(tr(" 格式 "));
format_menu->setStyleSheet("color:brown");
// 将字体颜色设置为棕色
format_menu->addAction(font_act);
format_menu->addAction(endl_act);

// 帮助菜单及其子菜单
help_menu = menuBar()->addMenu(tr(" 关于 "));
help_menu->setStyleSheet("color:brown");
// 将字体颜色设置为棕色
help_menu->addAction(mail_act);
help_menu->addAction(about_act);

// 文件工具栏内包含新建、打开、存储、另存、打印
file_tool_bar = addToolBar(tr("file"));
file_tool_bar->addAction(new_act);
file_tool_bar->addAction(open_act);
file_tool_bar->addAction(save_act);
file_tool_bar->addAction(saveAs_act);
file_tool_bar->addAction(print_act);
// 编辑工具栏内包含查找、替换
edit_tool_bar = addToolBar(tr("edit"));
edit_tool_bar->addAction(find_act);
edit_tool_bar->addAction(replace_act);
// 帮助工具栏内包含关于
help_tool_bar = addToolBar(tr("help"));
help_tool_bar->addAction(about_act);
}
```

#### 3.3.1.7 调用 setupActions () 和 setupMenus() 实现界面

在 mainwindow 类的构造函数中依次调用 setupActions () 函数和 setupMenus() 函数，这样可以保证“MyNotes”程序被建立时就实现了菜单栏和工具栏的同步，并可以建立完整的显示界面。

```
MainWindow::MainWindow(QWidget *parent)
    : QMainWindow(parent)
    , ui(new Ui::MainWindow)
{
    ui->setupUi(this);
    this->setWindowIcon(QIcon(":/new/prefix1/pen16ico"));
    // 设置应用的图标
    this->setWindowTitle("MyNotes");// 设置窗口标题
    setupActions();
    setupMenus();// 建立界面
}
```

最后，运行上述程序。如果没有语法错误，将会得到如图 3–5 所示的界面显示。界面包含菜单栏和工具栏，每一个菜单均包含子菜单，每个菜单项均有图标显示，必要时同时包括快捷操作键。工具栏包含新建、打开、保存等功能，工具按钮图标显示符合预期。上述运行结果完全符合 3.2 节中的界面设计要求。

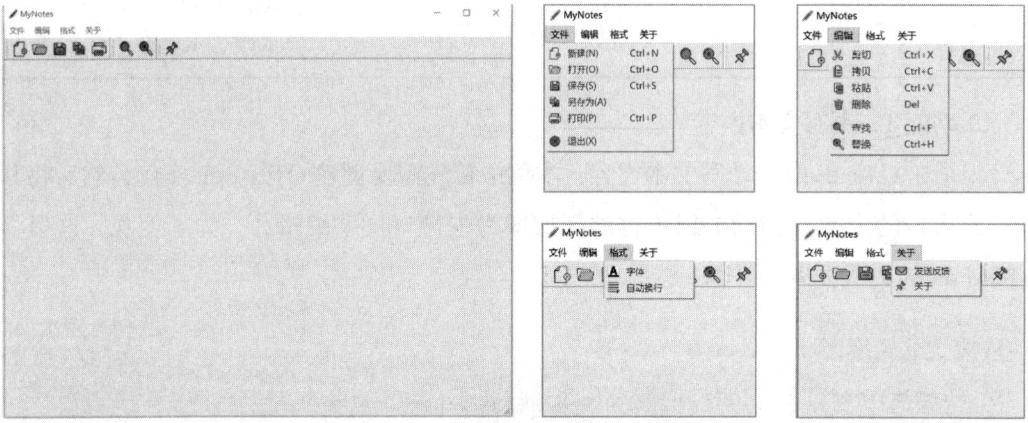


**图 3–5 “MyNotes”运行界面**

### 3.3.2 功能实现

为了便于功能和 UI 的对应，我们将图 3–5 所示的界面中各模块对应的功能进行编号，并进行对应界面的说明。具体编号方式如表 3-1 所示。

**表 3-1 “MyNotes”功能表**

| 序号 | 详细功能 | 对应界面 |
|---|---|---|
| 功能 1 | 书写文本内容 | 主窗口文字编辑区 |
| 功能 2.1 | 新建 | 文件菜单及其对应工具栏 |
| 功能 2.2 | 打开文件 | |
| 功能 2.3 | 保存 | |
| 功能 2.4 | 另存 | |
| 功能 2.5 | 打印 | |
| 功能 2.6 | 退出程序 | |
| 功能 3.1 | 剪切 | 编辑菜单及其对应工具栏 |
| 功能 3.2 | 拷贝 | |
| 功能 3.3 | 粘贴 | |
| 功能 3.4 | 删除 | |
| 功能 3.5 | 查找 | |
| 功能 3.6 | 替换 | |
| 功能 4.1 | 字体 | 格式菜单及其对应工具栏 |
| 功能 4.2 | 自动换行 | |
| 功能 5.1 | 发送反馈 | 帮助菜单及其对应工具栏 |
| 功能 5.2 | 关于 | |

### ❑ 功能 1：书写文本内容

为了在 QTextEdit 中填写文本内容，本例中首先需要创建 QTextEdit 实例，然后将其设置到窗口的中间。QTextEdit 占据的区域即为主窗口文字编辑区。为了美观，这里将 QTextEdit 的边框去掉。

```
//建立文字区域
text = new QTextEdit;// 创建 QTextEdit 实例
this->setCentralWidget(text);// 将文字区域设置为中间
resize(800,600);// 将窗口大小设置为 800*600
text->setStyleSheet(“border: none;”);// 去除 text 边框
```

加入上述代码并编译运行后，记事本的文本编辑区就可以书写内容了。

### ❑ 功能 2.1：新建

如果用户现在尚未打开任何文件，在点击“新建（N）”菜单或按钮时，可能已经发生编辑行为，也可能并未发生编辑行为。如果发生编辑行为，程序需要给出警告，提醒用户选择如何处理已经编辑的内容。

如果用户是在已经打开文件的基础上点击“新建（N）”菜单或按钮时，也有两种情况。如果已经发生编辑行为，程序需要给出警告，提醒用户选择如何处理已经编辑的内容。文本被编辑后放弃保存，或文本被编辑后已经保存，或文本没被编辑，都需要清空文本区，并重置当前文件名为空（亦即从此之后将按照新文件处理），以此保证不对打开的文件造成不良影响。

因此该功能实现的思路如下：

---

当触发“新建”行为时，判断是否存在被打开的文件：

➲ 如果有已经打开的文件，判断文件内容是否被修改：

　　➲ 如果文件内容被修改过，提示用户存储

　　　　用户选择“cancel”：什么也不做，直接返回

　　　　用户选择“save”：存储文件，清空文本区，并重置当前文件名为空

　　　　用户选择“discard”：清空文本区，并重置当前文件名为空

　　➲ 如果文件没有被修改过：清空文本区，并重置当前文件名为空

➲ 如果未打开文件：

　　➲ 如果文本内容有修改：

　　　弹出警告对话框，提醒用户选择三种操作之一（保存后新建、放弃修改后新建、取消新建行为）：

　　　　如果选择保存后新建：保存当前内容后清空文本

　　　　如果选择放弃修改后新建：清空文本

　　　　如果选择取消新建行为：直接返回，无任何操作

　　➲ 如果文本内容无修改，则无须操作

---

为了表示当前文件，MainWindow 类中需要设定一个表示当前文件名的数据成员 fileName，fileName 应为字符串类型，且程序初始运行时，该字符串应为空（mainwindow.h 中的第 07 行）。本功能中需要弹出警告对话框，因此在项目头文件中需要包含声明 QMessageBox 类的头文件（mainwindow.h 中的第 02 行）。另外，这里需要使用信号槽。信号“新建（N）”被触发，槽函数为新建函数 newFile()，因此需要声明并定义该函数，并建立信号槽，见 mainwindow.h 中的第 09、10 行，及 mainwindow.cpp。下面的代码实现了上述思路。

```
// 在 mainwindow.h 中
#include <QMessageBox>// 本功能需要使用 QmessageBox
// ……
class MainWindow : public QMainWindow
{
// ……
QString fileName;// 当前文件名
private slots:
  void newFile();
  void saveFile();
// ……
}
```

```
// 在 mainwindow.cpp 中
void  ::setupActions()
{
  // ……
  connect(new_act,SIGNAL(triggered()),this,SLOT(newFile()));
}
void MainWindow::newFile()
{
  if( !fileName.isEmpty()) // 如果文件名不为空
  {
     if (text->document()->isModified())
     {// 如果文件被修改过，提示用户存储
      QMessageBox::StandardButton optionButton = QMessageBox::warning(this,
   "MyNotes", " 你想更改保存吗 ?", QMessageBox::Save |
   QMessageBox::Discard | QMessageBox::Cancel);
       if(optionButton==QMessageBox::Save)
       {// 用户选择存储文件
          saveFile();
       }
       if(optionButton==QMessageBox::Cancel)
       {// 用户什么也不想做了，直接返回
```

```
            return;
        }
    }

    // 文本被编辑后放弃保存，或文本被编辑后已经保存，或者文本没被编辑，
    // 都清空文本区，并重置当前文件名为空
    text->clear();
    fileName="";
}
else// 如果文件名为空
{
    if (text->document()->isModified())
    {// 如果文件被修改过，提示用户存储
     QMessageBox::StandardButton optionButton = QMessageBox::warning(this,
   "MyNotes", " 你想更改保存吗 ?", QMessageBox::Save |
   QMessageBox::Discard | QMessageBox::Cancel);
        if(optionButton==QMessageBox::Save)
        {// 用户选择存储文件，存储后返回
            saveFile();
            return;
        }
        if(optionButton==QMessageBox::Cancel)
        {// 用户什么也不想做了，直接返回
            return;
        }
        text->clear();// 清空文本区
    }
}
}
```

### ❑ 功能 2.2：打开文件

用户点击“打开（O）”菜单或按钮时，也有两种可能：已经发生编辑行为或并未发生编辑行为。如果已经发生编辑行为，和上面类似，程序需要给出警告，提醒用户选择如何处理已经编辑的内容。若并未发生编辑行为，则可以弹出文件选择对话框，由用户

选择文件并打开。当我们打开某个文件时，还需要一个文件名 fileName 用于作为该文件的标识，便于以后保存等。

因此该功能实现的思路如下：

---

当触发“打开”行为时：

➲ 如果文本内容有修改，弹出警告对话框，提醒用户选择三种之一(保存后打开、放弃修改后打开、取消打开行为)：

　如果选择保存后打开：保存当前内容后，弹出文件选择对话框打开

　如果选择放弃修改后打开：直接弹出文件选择对话框打开

　如果选择取消打开操作：返回，无须任何操作

➲ 如果文本内容无修改：

　直接弹出文件选择对话框，由用户选择文件打开，并设定 fileName 为当前操作的文件名。

---

本功能中还需要使用文件和文件选择打开对话框，因此在项目头文件中需要包含声明 QFile 类和 QFileDialog 类的头文件（mainwindow.h 中的第 02、03 行）。另外，这里需要使用信号槽。信号“打开（O）”被触发，槽函数为新建函数 openFile()（mainwindow.h 中的第 09 行），因此需要声明并定义该函数，并建立信号槽。下面的代码实现了上述思路。

```
01 // 在 mainwindow.h 中
02 #include <QFile>
03 #include <QFileDialog>
04 // ……
05 class MainWindow : public QMainWindow
06 {
07 private slots:
08 // ……
09     void openFile();
10 };
```

在 mainwindow.cpp 中，第 14 行表示 open_act 触发，将调用 openFile() 函数。在 17 行开始的 openFile() 函数的定义中，通过 isModified() 函数判断文件是否有修改，并进行保存或放弃操作。之后，使用 getOpenFileName() 函数指定要打开的文件的格式，并使用 QFile 类实例 file 表示打开的文件，如果打开无误，则读取文件流中的全部内容，将文件区域的文本设置为文件流的内容，之后将当前读入的文件名赋值给成员函数 fileName。

```
// 在 mainwindow.cpp 中
MainWindow::MainWindow(QWidget *parent)
  : QMainWindow(parent)
  , ui(new Ui::MainWindow)
{
  // ……
  // 初始状态下无文件名
  fileName="";

}
void MainWindow::setupActions()
{
  // ……
  connect(open_act,SIGNAL(triggered()),this,SLOT(openFile()));
}

void MainWindow::openFile()
{
  if (text->document()->isModified())// 文件有修改
  {
     QMessageBox::StandardButton optionButton = QMessageBox::warning(
this, “MyNotes”, “ 你想更改保存吗 ?”, QMessageBox::Save |
QMessageBox::Discard | QMessageBox::Cancel);
     if(optionButton==QMessageBox::Save) {// 保存修改
        saveFile();
     }
     if(optionButton==QMessageBox::Cancel) {// 取消，什么也不做
        return;
     }
  }

  // 弹出打开文件对话框，这里支持文本文件，C++ 相关文件和 XML 文件
```

```
33  QString file_name = QFileDialog::getOpenFileName(this,tr(" 打开文件 "),QString(),
34  tr(" 文本文件 (*.txt) ;; C++ 文件 (*.h *.cpp *.hpp);;XML files (*.xml)"));
35  if(!file_name.isEmpty()){  // 打开文件正确
36      QFile file(file_name);
37      if(!file.open(QIODevice::ReadOnly))// 只读方式打开文件，如果打开错误
38      {
39      QMessageBox::critical(this,tr(" 错误 "),tr(" 不能打开文件 "));// 提示错误
40      return;
41      }
42      QTextStream in_stream(&file);// 建立文本流，文件流将会进行读取
43      text->setText(in_stream.readAll());
44    // 读取流中全部内容，将文件区域的文本设置为流的内容
45      file.close();// 关闭文件
46      fileName=file_name;// 当前文件名设定为 fileName
47  }
48 }
```

Qt 开发框架提供了六个标准信息对话框接口，分别是 critical、information、warning、question、about、aboutQt。第 39 行使用的 critical 对话框是错误信息提示对话框，其他的对话框分别为信息提示对话框、警告信息提示对话框、询问并获取是否确认的对话框、设置自定义信息的关于对话框和 Qt 的关于对话框。

- **功能 2.3：保存**

当需要保存书写的内容时，用户可以点击“保存（S）”菜单或对应的保存工具栏按钮。一旦点击，就会触发保存文件函数，将书写的内容保存到文件中。当然，也可以类似于“新建”功能 newFile() 函数，直接调用保存函数保存文件。

用户需要保存文件时，有两种情况。一是用户之前从未保存过文件，也没有通过打开文件的方式读取文件，这代表该文件的文件名为空，需要用户指定存储路径和临时文件名 file_name；如果 file_name 创建成功，用 file_name 更新 fileName。二是用户打开过的文件，这时候直接打开 fileName 对应的文件流并将内容存入即可。

因此该功能实现的思路如下：

当触发“保存”行为时：

- 如果文件名为空，创建 QFileDialog 实例，弹出文件对话框，提示用户选择存储文件的类型并设定文件名，同时：

  如果用户未指定文件名：无操作

  如果用户指定了文件名 file_name：用 file_name 更新 fileName

- 如果文件名不为空，打开 fileName 文件：

  如果打开不成功：进行提示

  如果打开成功：将内容存入 fileName 并关闭文档

本功能中仍然需要使用前面包含声明的 QFile 类和 QFileDialog 类。另外，这里同样需要使用信号槽，当“保存（S）”信号被触发时，则调用为保存槽函数 saveFile()，因此需要在 mainwindow.h 中声明槽函数 saveFile()（第 07 行）；在 mainwindow.cpp 中定义该函数，并建立信号槽。

```
01 // 在 mainwindow.h 中
02 // ……
03 class MainWindow : public QMainWindow
04 {
05 // ……
06 private slots:
07   void saveFile();
08 // ……
09 }
```

在下面的 mainwindow.cpp 中，通过第 05 行的 connect 函数连接信号发送者 save_act 对象中的 triggered() 信号与接收者 this 中的 saveFile() 槽函数。在 saveFile() 中，首先判断文件名是否为空，如果为空，代表当前编辑从未保存过，则需用户指定文件名，并更新 fileName。之后打开文件（第 20 至 24 行），将编辑后内容通过 QTextStream 写入 fileName 文件（第 26 至 29 行）。

```
01 // 在 mainwindow.cpp 中
02 void MainWindow::setupActions()
03 {
04   // ……
05   connect(save_act,SIGNAL(triggered()),this,SLOT(saveFile()));
```

```
}
void MainWindow::saveFile()
{
  if( fileName.isEmpty()) // 如果文件名为空
  {
     // 弹出存储文件对话框，这里支持文本文件，C++ 相关文件和 XML 文件
     QString file_name = QFileDialog::getSaveFileName(this,tr(" 保存文件 "),
     QString(fileName),
    tr(" 文本文件 (*.txt) ;; C++ 文件 (*.h *.cpp *.hpp);;XML files (*.xml)"));
     if(!file_name.isEmpty())// 如果用户键入文件名
     {
        fileName=file_name;// 更新 fileName，供以后使用
     }
  }

  QFile file(fileName);// 以 fileName 为文件名实例化文件
  if(!file.open(QIODevice::WriteOnly)){// 以写的方式打开文件，如果不能正确打开
     QMessageBox::critical(this,tr(" 错误 "),tr(" 不能打开文件 "));// 提示错误
     return;
  }

  QTextStream out_stream(&file);// 建立文本流，文件流将会写入 fileName 文件
  out_stream<<text->toPlainText();// 设置为无格式文本
  out_stream.flush();// 缓存数据写入设备 ( 文件 )
  file.close();// 关闭文件
}
```

- **功能 2.4：另存**

另存和保存功能非常类似。用户可以点击“另存为（A）”菜单或对应的保存工具栏按钮，一旦点击，就会触发另存函数，将书写的内容保存到文件中。当然，这时无论文件是否正在被处理，无论内容是否已经被编辑，均弹出保存文件对话框进行保存。

因此该功能实现的思路如下：

当触发“另存为”行为时：

创建 QFileDialog 实例，弹出文件对话框，提示用户选择存储文件的类型并设定文件名，同时：

- 如果用户未指定文件名：无操作
- 如果用户指定了文件名 file_name：用 file_name 更新 fileName

打开 fileName 文件：

- 如果打开不成功：进行提示
- 如果打开成功：将内容存入 fileName 并关闭文档

与保存类似，为了另存功能，需要声明一个信号槽函数 saveAs()（mainwindow.h 中的第 08 行）。

```
01 // 在 mainwindow.h 中
02 // ……
03 class MainWindow : public QMainWindow
04 {
05 // ……
06 private slots:
07 // ……
08    void saveAs ();
09 }
```

在下面的 mainwindow.cpp 中，通过第 05 行的 connect 函数连接信号发送者 saveAs_act 对象中的 triggered() 信号与接收者 this 中的 saveAs() 槽函数。在 saveAs () 中，弹出存储文件对话框进行存储（第 10 至 16 行）。之后打开文件（第 17 至 21 行），将编辑后的内容通过 QTextStream 写入 fileName 文件（第 23 至 26 行）。

```
01 // 在 mainwindow.cpp 中
02 void MainWindow::setupActions()
03 {
04    // ……
05 connect(saveAs_act,SIGNAL(triggered()),this,SLOT(saveAs()));
06 }
07 void MainWindow::saveAs()
08 {
09    // 弹出存储文件对话框，这里支持文本文件，C++ 相关文件和 XML 文件
```

```
 QString file_name = QFileDialog::getSaveFileName(this,
tr(" 保存文件 "),QString(fileName),
tr(" 文本文件 (*.txt) ;; C++ 文件 (*.h *.cpp *.hpp);;XML files (*.xml)"));
 if(!file_name.isEmpty())// 如果用户键入文件名
 {
  fileName=file_name;// 更新 fileName，供以后使用
 }
 QFile file(fileName);// 以 fileName 为文件名实例化文件
 if(!file.open(QIODevice::WriteOnly)){// 以写的方式打开文件，如果不能正确打开
    QMessageBox::critical(this,tr(" 错误 "),tr(" 不能打开文件 "));// 提示错误
    return;
 }

 QTextStream out_stream(&file);// 建立文本流，文件流将会写入 fileName 文件
 out_stream<<text->toPlainText();// 设置为无格式文本
 out_stream.flush();// 缓存数据写入设备 ( 文件 )
 file.close();// 关闭文件
}
```

- **功能 2.5：打印**

为了支持打印功能，首先需要在项目（.pro）工程文件中加入“QT+= printsupport”，否则会编译报错。Qt 中的 QPrinter 类是打印设备及其参数的封装，封装了系统中不同打印设备的驱动接口。Qt 中还提供了预定义的打印对话框 QPrintDialog 类，可以用于设置与打印相关的参数信息。

使用 QPrinter 类和 QPrintDialog 实现打印功能，只需要在程序中实例化 QPrintDialog 打印对话框，以模态方式弹出。当用户选择了选项，并选择“确定”后，实例化系统打印机，将记事本文本区域的内容取出，通过 QTextDocument 的方式操作文档内容格式，并打印。

在 mainwindow.h 中的第 04 行和 05 行增加头文件包含名单，在第 11 行声明槽函数 printFile()。

```
// 在 mainwindow.h 中
// ……
// 打印功能需要使用到的头文件
#include <QtPrintSupport/QPrinter>
#include <QtPrintSupport/QPrintDialog>
class MainWindow : public QMainWindow
{
    Q_OBJECT
private slots:
// ……
   void printFile();
}
```

在下面的 mainwindow.cpp 中，通过第 05 行的 connect 函数连接信号发送者 print_act 对象中的 triggered() 信号与接收者 this 中的 printFile() 槽函数。在 printFile() 中，实例化打印对话框、获取打印机、打印文本内容（第 10 至 16 行）。

```
01 // 在 mainwindow.cpp 中
02 void MainWindow::setupActions()
03 {
04 // ……
05 connect(print_act,SIGNAL(triggered()),this,SLOT(printFile()));
06 // ……
07 }
08 void MainWindow::printFile()
09 {
10    QPrintDialog dlg(this); // 实例化打印对话框
11    if(dlg.exec()==QPrintDialog::Accepted) // 弹出，当用户确定打印
12    {
13       QPrinter *p=dlg.printer();// 获取打印机
14       QTextDocument *doc=text->document();// 获取 text 中的内容
15       doc->print(p); // 打印文本内容
16    }
17 }
```

□ **功能 2.6：退出程序**

当用户点击文件菜单中的“退出”子菜单时，程序根据内容有无修改提示用户是否需要保存。根据用户的选择，可以保存后退出，也可以直接退出。在 mainwindow.h 中，第 08 行声明槽函数 exitMyNote()。

```
01 // 在 mainwindow.h 中
02 // ……
03 class MainWindow : public QMainWindow
04 {
05     Q_OBJECT
06 private slots:
07 // ……
08     void exitMyNote();
09 }
```

在下面的 mainwindow.cpp 中，通过第 05 行的 connect 函数连接信号发送者 exit_act 对象中的 triggered() 信号与接收者 this 中的 exitMyNote () 槽函数。在 exitMyNote () 中，如果文件有修改，弹出警告对话框提示进行存储（第 11 至 22 行）。

```
01 // 在 mainwindow.cpp 中
02 void MainWindow::setupActions()
03 {
04 // ……
05 connect(exit_act,SIGNAL(triggered()),this,SLOT(exitMyNote()));
06 // ……
07 }
08 void MainWindow::exitMyNote()
09 {
10   if (text->document()->isModified())// 文件有修改
11   {  // 弹出消息框
12      QMessageBox::StandardButton optionButton = QMessageBox::warning
13     (this, “MyNotes”, “ 你想更改保存吗 ?”,
14     QMessageBox::Save | QMessageBox::Discard | QMessageBox::Cancel);
15      if(optionButton==QMessageBox::Save)// 保存修改
16      {
```

```
        saveFile();
    }
    if(optionButton==QMessageBox::Cancel)// 取消，什么也不做
    {
        return;
    }
}
QCoreApplication::exit();// 退出程序
}
```

❑ **功能 3.1~3.4：剪切、拷贝、粘贴、删除**

剪贴板可以简单地被当作数据存储池，外面的数据可以被存进去，里面数据也可以被取出来。剪贴板是由操作系统维护的，所以这提供了跨应用程序的数据交互的一种方式。Qt 封装了很多关于剪贴板的操作，如剪切、拷贝、粘贴，因此我们可以轻松实现对剪贴板的支持，代码实现起来也很简单。在 mainwindow.h 中，声明用户响应剪切、拷贝、粘贴、删除的槽函数如下（第 08 至 11 行）。

```
01 // 在 mainwindow.h 中
02 // ......
03 class MainWindow : public QMainWindow
04 {
05    Q_OBJECT
06 private slots:
07 // ......
08  void cutMyNote();
09  void pasteMyNote();
10  void copyMyNote();
11  void deleteMyNote();
12 }
```

在下面的 mainwindow.cpp 中，通过第 05 行的 connect 函数连接信号发送者 cut_act 对象中的 triggered() 信号与接收者 this 中的 cutMyNote() 槽函数，通过第 06 行的 connect 函数连接信号发送者 paste_act 对象中的 triggered() 信号与接收者 this 中的 pasteMyNote () 槽函数，通过第 07 行的 connect 函数连接信号发送者 copy_act 对象中的 triggered() 信号与接收者 this 中的 copyMyNote () 槽函数，通过第 08 行的 connect 函数连接信号发送者

delete_act 对象中的 triggered() 信号与接收者 this 中的 deleteMyNote () 槽函数。在四个槽函数的定义中，直接调用 QTextEdit 类的 cut()、paste()、copy()、clear() 实现剪切、粘贴、拷贝、清空功能（第 13、17、21、25 行）。

```
01 // 在 mainwindow.cpp 中
02 void MainWindow::setupActions()
03 {
04 // ......
05     connect(cut_act,SIGNAL(triggered()),this,SLOT(cutMyNote()));
06     connect(paste_act,SIGNAL(triggered()),this,SLOT(pasteMyNote()));
07     connect(copy_act,SIGNAL(triggered()),this,SLOT(copyMyNote ()));
08     connect(delete_act,SIGNAL(triggered()),this,SLOT(deleteMyNote()));
09 // ......
10 }
11 void MainWindow::cutMyNote()
12 {
13     text->cut();    // 剪贴
14 }
15 void MainWindow::pasteMyNote()
16 {
17     text->paste();    // 粘贴
18 }
19 void MainWindow::copyMyNote()
20 {
21     text->copy();    // 拷贝
22 }
23 void MainWindow::deleteMyNote()
24 {
25     text->clear();    // 清空
26 }
```

❑ **功能 3.5：查找**

如果观察 Windows 记事本的查找功能，可以看出查找功能必须通过记事本和查找对话框之间的交互来实现，如图 3-6 所示。当用户点击菜单中的“查找”，“记事本”会接收到“查找”按钮被点击的信号（S1），弹出查找对话框；之后用户在“查找对话框”中输入待查找的内容，并选择方向、区分大小写等选项，点击“查找下一个”按钮；“查找对话框”接收到“查找下一个”按钮被点击的信号（S2）后，获取内容“code”“向下”“区分大小写”并发送包含这些信息的信号（S3）；“记事本”接收到信号 S3 后，在文本区域查找待查找的内容，其中待查找的内容和查找选项均由信号 S3 提供。

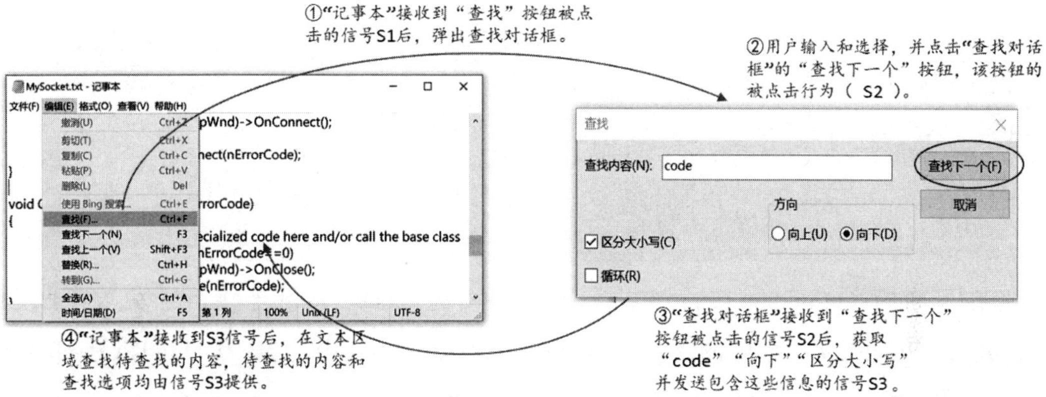


**图 3-6　windows 记事本的查找机制**

这里的 S3 是自定义信号。在自定义信号时，信号没有返回值，但可以有参数；信号只有函数声明，无须定义；其需要使用 emit 发送信号。由于信号是没有返回值的，因此槽函数也一定没有返回值。

因此，本项目新增了 Qt 设计师界面类 MyFindDialog 类，该类的模板是不包含按钮的对话框（Dialog without Buttons）。在 Qt 设计师中建立的 UI 及各控件的对象名如图 3-7 所示。其中“向上”“向下”单选框组成一个 buttonGroup，且是互斥的。

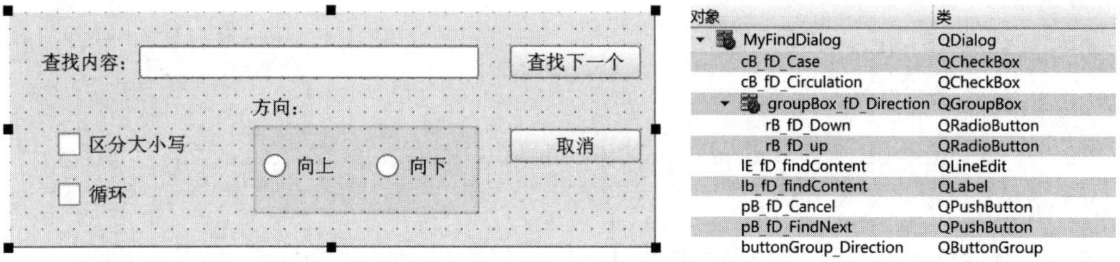


（a）查找对话框 UI　　　　（b）控件对象名

**图 3-7　查找对话框的 UI 设计**

接着我们为查找对话框增加两个槽函数，当“查找下一个”按钮被点击时，槽函数 pB_fD_FindNext_clicked() 被执行；当“取消”按钮被点击时，槽函数 pB_fD_Cancel_clicked() 被执行，如下面 MyFindDialog.h 中的第 08 行和第 09 行。

```
// MyFindDialog.h
// ……
class MyFindDialog : public QDialog
{
// ……
private slots:

    void pB_fD_FindNext_clicked();
    void pB_fD_Cancel_clicked();
// ……
};
```

在下面的 myfinddialog.cpp 中，通过第 10 行的 connect 函数连接信号发送者 UI 界面 pB_fD_FindNext 对象中的 triggered() 信号与接收者 this 中的 pB_fD_FindNext_clicked () 槽函数，通过第 11 行的 connect 函数连接信号发送者 UI 界面 pB_fD_Cancel 对象中的 triggered() 信号与接收者 this 中的 pB_fD_FindNext_clicked () 槽函数。

```
01 //myfinddialog.cpp
02 #include “myfinddialog.h”
03 #include “ui_myfinddialog.h”
04 MyFindDialog::MyFindDialog(QWidget *parent) :
05    QDialog(parent),
06    ui(new Ui::MyFindDialog)
07 {
08 ui->setupUi(this);
09 this->setWindowTitle(“ 查找 ”);
10 connect(ui->pB_fD_FindNext,SIGNAL(clicked(bool)),this,SLOT(pB_fD_FindNext_
clicked()));
11 connect(ui->pB_fD_Cancel,SIGNAL(clicked(bool)),this,SLOT(pB_fD_Cancel_
clicked ()));
12 }
```

当“取消”按钮被点击时，槽函数 pB_fD_Cancel_clicked() 被执行，只需要关闭当前的查找对话框即可。当“查找下一个”按钮被点击时，槽函数 pB_fD_FindNext_clicked() 被执行，则需要将用户待查找的内容和查找选项包含在一个消息中“发射”出去。

因此 pB_fD_FindNext_clicked() 的实现思路如下：

---

当“查找对话框”中的“查找另一个”按钮被点击时：

- 如果用户没有输入待查找的内容：什么也不用做，函数直接返回
  - 否则，获取用户输入的文本内容
- 如果用户选择向下查找：

  如果大小写敏感：发出信号 ( 消息内容，敏感，向下 )

  如果大小写不敏感：发出信号 ( 消息内容，不敏感，向下 )
- 如果用户选择向上查找：

  如果大小写敏感：发出信号 ( 消息内容，敏感，向上 )

  如果大小写不敏感：发出信号 ( 消息内容，不敏感，向上 )

---

上述思路对应的程序实现见下面的 MyFindDialog.h 文件和 myfinddialog.cpp 文件。MyFindDialog.h 文件中的第 07 行为自定义信号 signal_findContent，该信号由三部分组成：消息内容、是否敏感、查找方向。

```
01 // MyFindDialog.h
02 // ……
03 class MyFindDialog : public QDialog
04 {
05 // ……
06 signals:
07     void signal_findContent(QString,bool,bool);// 自定义信号
08 };
```

在下面的 myfinddialog.cpp 文件中，第 08 行获取用户输入的待查找内容。接下来，根据用户对是否敏感和查找方向的选择，分别根据不同取值“发射”信号。

```
01 //myfinddialog.cpp
02 void MyFindDialog::pB_fD_FindNext_clicked()
03 {
04     if(ui->lE_fD_findContent->text().isEmpty())
05     {// 如果用户没有输入待查找的内容，什么也不做直接返回
06         return;
07     }
08     QString str = ui->lE_fD_findContent->text();
09     // 获取用户输入的待查找内容
```

```
    if(ui->rB_fD_Down->isChecked())
    {// 如果向下查找
        if(ui->cB_fD_Case->isChecked())
        {// 如果大小写敏感
            emit signal_findContent(str,true,true);
        }
        else
        {// 如果大小写不敏感
            emit signal_findContent(str,false,true);
        }
    }
    if(ui->rB_fD_up->isChecked())
    {// 如果向上查找
        if(ui->cB_fD_Case->isChecked())
        {// 如果大小写敏感
            emit signal_findContent(str,true,false);
        }
        else
        {// 如果大小写不敏感
            emit signal_findContent(str,false,false);
        }
    }
}
void MyFindDialog::pB_fD_Cancel_clicked()
{
    this->close();// 关闭当前窗口
}
```

接着，需要在 MainWindow 窗口中创建查找对话框实例，并将查找对话框发射的消息连接到 MainWindow 窗口中的查找内容函数。当接收到 find_dlg 窗口实例的 signal_findContent( QString,bool,bool )信号时，MainWindow 的 sfn_findContent( QString,bool,bool ) 槽函数将会被调用。这里需要注意两点：一是 find_dlg 的实例化要写在 MainWindow 的构造函数中，二是连接到 sfn_findContent 槽函数的 connect 语句要写在 MainWindow 的构造函数中（下面程序第 11、12 行），否则程序会崩溃。

```
// 在 mainwindow.cpp 中
#include "mainwindow.h"
#include "ui_mainwindow.h"
MainWindow::MainWindow(QWidget *parent)
    : QMainWindow(parent)
    , ui(new Ui::MainWindow)
{
    // ……
    // 实例化查找对话框
    find_dlg=new MyFindDialog(this) ;
connect(find_dlg,SIGNAL(signal_findContent(QString,bool,bool))
,this,SLOT(sfn_findContent(QString,bool,bool)));
}
```

其中的 sfn_findContent（QString,bool,bool）槽函数会根据查找对话框中的用户输入和选项选择，在主窗口的文本中查找欲查找的内容。sfn_findContent（QString,bool,bool）槽函数的设计思路如下：

---

初始化找到标记 find_flag 为假；

- 如果待查找内容不为空
  - 如果用户选择向下查找：
    - 如果大小写敏感：使用大小写敏感模式，按照默认方向在文本区查找待查找内容；find_flag 变为真
    - 如果大小写不敏感：按照默认方向在文本区查找待查找内容；find_flag 变为真
  - 如果用户选择向上查找：
    - 如果大小写敏感：使用大小写敏感模式，按照向前方向在文本区查找待查找内容；find_flag 变为真
    - 如果大小写不敏感：使用默认敏感模式，按照向前方向在文本区查找待查找内容；find_flag 变为真
- 如果 find_flag 为假，提示没有找到待查找的内容

---

按照上述思路完成文本查找功能，代码如下。在 mainwindow.h 中，首先需要声明槽函数 sfn_findContent（QString，bool，bool）。

```
// 在 mainwindow.h 中
// ……
class MainWindow : public QMainWindow
{
    Q_OBJECT
private slots:
// ……
    void sfn_findContent(QString,bool,bool);
}
```

在下面的 mainwindow.cpp 中，完成 sfn_findContent() 函数的实现。根据自定义查找对话框实例 find_dlg 传递的消息，在主窗口中取出待查内容（第 04 行），根据查找方向和敏感性选择在文本中查找“待查内容”（第 08 至 28 行）。

```
01 // 在 mainwindow.cpp 中
02 void MainWindow::sfn_findContent(QString str,bool caseOption,bool direction)
03 {
04     QString textToFind = str;// 取出待查内容
05     bool find_flag;// 默认找到标记为假
06     if(!textToFind.isEmpty())
07     {// 如果待查内容不为空
08         if(direction)
09         {// 向下
10             if(caseOption)
11             {// 大小写不敏感
12            find_flag = text->find(textToFind,QTextDocument::FindCaseSensitively);
13             }
14             else{// 大小写敏感
15             find_flag =text->find(textToFind);
16             }
17         }
18         else
19         {// 向上
20             if(direction)
```

```
        {// 大小写敏感
        find_flag = text->find(textToFind,QTextDocument::FindBackward|
        QTextDocument::FindCaseSensitively);
        }
        else{// 大小写不敏感
        find_flag = text->find(textToFind,QTextDocument::FindBackward);
        }
    }
    if(!find_flag)
    {// 没找到
    QMessageBox::information(this,tr(" 结果 "),
    tr(" 没有找到查找内容 "), QMessageBox::Yes );
    }
  }
}
```

**❑ 功能 3.6：替换**

替换功能也需要通过新增对话框实现。本项目新增了 Qt 设计师界面类 MyReplaceDialog 类，该类的模板是不包含按钮的对话框（Dialog without Buttons）。在 Qt 设计师中建立的 UI 及各控件的对象名如图 3–8 所示。

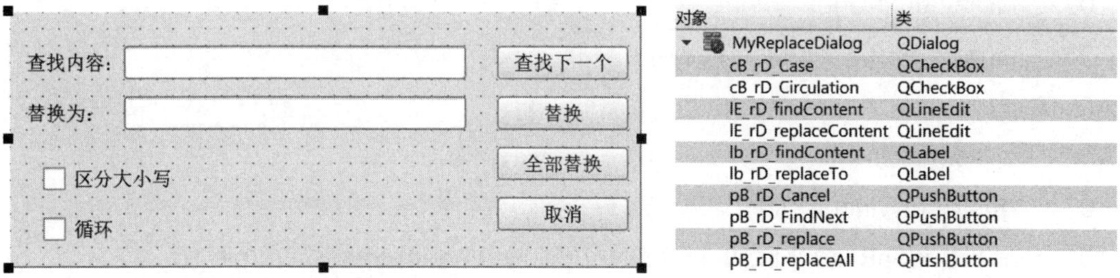


（a）替换对话框 UI　　（b）控件对象名

**图 3–8　替换对话框**

类似于查找对话框，替换对话框也需要和主窗口通过信号槽的方式进行交互。在理解了查找对话框和主窗口的交互模式之后，读者将很容易理解本部分实现的思路。

首先为 MyReplaceDialog 增加该类下的槽函数。当用户点击“查找下一个”“替换”“全部替换”“取消”时，都定义有相应的槽函数，以实现相应的功能。亦即在 myreplacedialog.h 中，添加如下槽函数声明：

```
private slots:
    void pB_rD_FindReplace_clicked();// 查找按钮被点击
    void pB_rD_Replace_clicked();// 替换按钮被点击
    void pB_rD_ReplaceAll_clicked();// 全部替换按钮被点击
    void pB_rD_Cancel_clicked();// 取消按钮被点击
```

其中，pB_rD_Cancel_clicked() 被用于关闭窗口。另外三个函数则需要发射如下的相应信号。亦即在 myreplacedialog.h 中，添加如下自定义信号的声明：

```
signals:
    void signal_replaceAll(QString , QString,bool);// 全部替换信号
    void signal_replaceOne(QString,QString);// 替换信号
    void signal_findReplaceContent(QString,bool);// 查找信号
```

如下面代码所示，接着建立四个按钮的槽连接。将“查找下一个”按钮被点击的信号连接到 pB_rD_FindReplace_clicked() 槽函数（第 08 行），将“替换”按钮被点击的信号连接到 pB_rD_Replace_clicked() 槽函数（第 09 行），将“全部替换”按钮被点击的信号连接到 pB_rD_ReplaceAll_clicked() 槽函数（第 10 行），将“取消”按钮被点击的信号连接到 pB_rD_Cancel_clicked() 槽函数（第 11 行）。

```
01 //myreplacedialog.cpp
02 MyReplaceDialog::MyReplaceDialog(QWidget *parent) :
03     QDialog(parent),
04     ui(new Ui::MyReplaceDialog)
05 {
06     ui->setupUi(this);
07     this->setWindowTitle(“ 替换 ”);
08 connect(ui->pB_rD_FindNext,SIGNAL(clicked(bool)),this,SLOT(pB_rD_
   FindReplace_clicked()));
09 connect(ui->pB_rD_Replace,SIGNAL(clicked(bool)),this,SLOT(pB_rD_Replace_
   clicked()));
10 connect(ui->pB_rD_ReplaceAll,SIGNAL(clicked(bool)),this,SLOT(pB_rD_
   ReplaceAll_clicked()));
11 connect(ui->pB_rD_Cancel,SIGNAL(clicked(bool)),this,SLOT(pB_rD_Cancel_
   clicked()));
12 }
```

接着为 MyReplaceDialog 类定义相应函数的函数体，具体实现如下。当查找按钮被点击时，pB_rD_FindReplace_clicked() 槽函数根据 UI 中的查找内容、大小写选择发射信号 signal_findReplaceContent。当替换按钮被点击时，pB_rD_Replace_clicked () 槽函数根据 UI 中的查找内容、大小写选择发射信号 signal_replaceOne。当全部替换按钮被点击时，pB_rD_ReplaceAll_clicked() 槽函数根据 UI 中的查找内容、大小写选择发射信号 signal_replaceAll。

```
void MyReplaceDialog:: pB_rD_FindReplace_clicked ()// 查找按钮被点击
{
    if(!ui->lE_rD_findContent->text().isEmpty())
    {// 如果待查内容不为空
        if(ui->cB_rD_Case->isChecked())
        {// 如果区分大小写，将待查找内容和 true 作为信号参数
            emit signal_findReplaceContent(ui->lE_rD_findContent->text(),true);
        }
        else
        {// 如果不区分大小写，将待查找内容和 false 作为信号参数
            emit signal_findReplaceContent(ui->lE_rD_findContent->text(),false);
        }
    }
}

void MyReplaceDialog::pB_rD_Replace_clicked()// 替换按钮被点击
{
    if(!ui->lE_rD_findContent->text().isEmpty())
    {// 如果待查内容不为空
        if(!ui->lE_rD_replaceContent->text().isEmpty())
        {// 且替换为的内容不为空
            emit signal_replaceOne(ui->lE_rD_findContent->text(),
            ui->lE_rD_replaceContent->text());
        }
    }
}
void MyReplaceDialog::pB_rD_ReplaceAll_clicked()// 全部替换按钮被点击
```

```
{
    if(!ui->lE_rD_findContent->text().isEmpty())
    {// 如果待查内容不为空
        if(!ui->lE_rD_replaceContent->text().isEmpty())
        {// 且替换为的内容不为空
            if(ui->cB_rD_Case->isChecked())
            {// 如果大小写敏感
                emit signal_replaceAll(ui->lE_rD_findContent->text(),
                ui->lE_rD_replaceContent->text(),true);
            }
            else
            {// 如果大小写不敏感
                emit signal_replaceAll(ui->lE_rD_findContent->text(),
                ui->lE_rD_replaceContent->text(),false);
            }
        }
    }

}
void MyReplaceDialog::pB_rD_Cancel_clicked()// 取消按钮被点击
{
    this->close();
}
```

接着在主窗口中使用定义好的替换窗口类。首先在 mainwindow.h 头文件中声明替换对话框指针（第 07 行）、查找信号的槽函数、替换信号的槽函数和全部替换信号的槽函数（第 10 至 12 行）。

```
01 // 在 mainwindow.h 中
02 // ......
03 class MainWindow : public QMainWindow
04 {
05 // ......
```

```
private:
    MyReplaceDialog *replace_dlg;
private slots:
void replaceContent();
    void sfn_findReplaceContent(QString,bool);// 替换中的查找
    void sfn_replaceOne(QString,QString);// 替换一次
    void sfn_replaceAll(QString,QString,bool);// 全部替换
};
```

然后在主窗口的构造函数中实例化替换对话框 replace_dlg，并建立好信号与槽函数之间的连接（第 09 至 14 行）。

```
01 // 在 mainwindow.cpp 中
02 MainWindow::MainWindow(QWidget *parent)
03     : QMainWindow(parent)
04     , ui(new Ui::MainWindow)
05 {
06 private:
07     // 实例化替换对话框
08     replace_dlg =new MyReplaceDialog(this);
09     connect(replace_dlg,SIGNAL(signal_findReplaceContent(QString,bool)),
10         this,SLOT(sfn_findReplaceContent()));
11     connect(replace_dlg,SIGNAL(signal_replaceOne(QString,QString)),
12         this,SLOT(sfn_replaceOne()));
13     connect(replace_dlg,SIGNAL(signal_replaceAll(QString , QString,bool)),
14         this,SLOT(sfn_replaceAll()));
15 }
```

最后在下面主窗口类的 mainwindow.cpp 文件中实现响应主窗口的查找菜单，弹出查找对话框（第 03 行）；实现查找信号的槽函数（第 06 至 20 行）、替换信号的槽函数（第 21 至 32 行）和全部替换信号的槽函数（第 33 至 76 行）。

```
void MainWindow::replaceContent()
{
    replace_dlg->show();
}
void MainWindow::sfn_findReplaceContent(QString str, bool caseFlg)
{
   bool find_flag;// 找到标记
   if(caseFlg){// 区分大小写标记
      find_flag = text->find(str,QTextDocument::FindCaseSensitively);
   }// 在文本区域查找 str，模式：大小写敏感
   else{// 不区分大小写
      find_flag = text->find(str);// 在文本区域查找 str，模式：默认不区分大小写
   }
   if(!find_flag){// 在文本区域没有找到 str，则弹出提示
     QMessageBox::information(this,tr("结果"),tr("没有找到查找内容"),
     QMessageBox::Yes);
   }
   else{
      findRep = true;// 将全局找到标记设为真
   }
}
void MainWindow::sfn_replaceOne(QString strFind, QString strReplace)
{
   if(findRep){// 如果找到了
      QTextCursor textFind = text->textCursor();
      textFind.insertText(strReplace);
   }
   else{// 如果没找到，则提示内容无法替换
      QMessageBox::information(this,tr("结果")tr("没有内容不能替换")+strFind,
      QMessageBox::Yes);
   }
   findRep = false;// 为下一次查找做准备
}
```

```
void MainWindow::sfn_replaceAll(QString strFind, QString strReplace, bool caseFlg)
{
    if(!caseFlg){// 如果大小写不敏感
        bool foundFlg = text->find(strFind);// 在本文区域找到标记
        if(foundFlg){// 如果能找到
            QTextCursor textFound = text->textCursor();// 在找到处设置光标
            textFound.insertText(strReplace);// 把光标处的文字替换掉
            while(text->find(strFind)){// 如果继续找到
                textFound = text->textCursor();// 在找到处设置光标
                textFound.insertText(strReplace);// 替换
            }
            while(text->find(strFind,QTextDocument::FindBackward)){// 找找前面的
                textFound = text->textCursor();// 在找到处设置光标
                textFound.insertText(strReplace);// 替换
            }
        }
        else{// 如果不能找到，弹出提示
    QMessageBox::information(this,tr(“ 结果 ”),tr(“ 没有内容不能替换 “)+
    strFind,QMessageBox::Yes);
        }
    }
    else{// 如果大小写敏感
        bool foundFlg = text->find(strFind,QTextDocument::FindCaseSensitively);
        // 在本文区域找到标记，此处区分大小写
        if(foundFlg){// 如果能找到
            QTextCursor textFound = text->textCursor();// 在找到处设置光标
            textFound.insertText(strReplace);// 把光标处的文字替换掉
            while(text->find(strFind,QTextDocument::FindCaseSensitively)){
             // 如果继续找到 ( 这里区分大小写 )
                textFound = text->textCursor();// 在找到处设置光标
                textFound.insertText(strReplace);// 替换
            }
            while(text->find(strFind,QTextDocument::FindCaseSensitively|
```

```
            QTextDocument:: FindBackward)){// 找找前面的
                textFound = text->textCursor();// 在找到处设置光标
                textFound.insertText(strReplace);// 替换
            }
        }
        else{// 如果不能找到，弹出提示
            QMessageBox::information(this,tr(" 结果 "),tr(" 没有内容不能替换 ")+
            strFind,QMessageBox::Yes);
        }
    }
}
```

❑ **功能 4.1：字体**

当用户点击“格式”菜单的“字体”子菜单时，允许用户选择字体。文本内容随之更改字体。本实例中需要使用 QFont 类为文本提供字体，使用 QFontDialog 类选择指定字体。QFontDialog 是 Qt 中提供了预定义的字体对话框类，是一个用于提供选择字体的对话框部件。

修改字体功能的思路为：当用户点击“字体”子菜单或工具栏时，弹出 QFontDialog 对话框，根据用户在对话框上的选择，将文本内容的字体设置为用户设置的字体即可。

具体如下面的代码，mainwindow.h 中的第 08 行声明了槽函数 setFont()；mainwindow.cpp 中的第 05 行连接信号发送者 font_act 对象中的 triggered() 信号与接收者 this 中的 setFont() 槽函数；自定义的 setFont() 槽函数的功能，实现当用户点击“ok”时获取 QFontDialog 对话框用户的选择的 font（mainwindow.cpp 中的第 11 行），并将文本内容字体设置为获取得到的字体 font（mainwindow.cpp 中的第 13 行）。

```
01 // 在 mainwindow.h 中
02 // ……
03 class MainWindow : public QMainWindow
04 {
05     Q_OBJECT
06 private slots:
07 // ……
08     void setFont();
09 }
```

```
01 //在 mainwindow.cpp 中
02 void MainWindow::setupActions()
03 {
04 // ……
05     connect(font_act,SIGNAL(triggered()),this,SLOT(setFont()));
06 // ……
07 }
08 void MainWindow::setFont()
09 {
10     bool ok = true;
11     QFont font = QFontDialog::getFont(&ok);
12     if (ok)
13     {    text->setFont(font);  }
14 }
```

**❑ 功能 4.2：自动换行**

当用户点击“格式”菜单的“换行”子菜单时，即会切换换行状态。如果原状态为自动换行状态，则调整为不换行状态；如果原状态为不换行状态，则切换到自动换行状态。值得一提的是，QTextEdit 是富文本编辑框，在使用中具有自动换行的功能。为了标记记事本是否处于自动换行状态，需要设定一个标记 flag_endl，该标记的初始状态为真，表示默认处于自动换行状态。当用户点击“换行”时，通过 setLineWrapMode 函数设置换行模式为 NoWrap，亦即不换行，并将 flag_endl 设置为假；当换行模式设置为 WidgetWidth 时，将 flag_endl 设置为真。这里的 WidgetWidth 表示根据控件大小进行换行，换行保留完整单词，遇到空格换行。

在下面的具体实现中，在 mainwindow.h 中声明了换行标记变量 flag_endl（第 07 行），声明了一个名为 setLineWrapMode() 的槽函数，以实现换行状态的切换。在 mainwindow.cpp 中，第 05 行连接信号发送者 endl_act 对象中的 triggered() 信号与接收者 this 中的 setLineWrapMode () 槽函数；setLineWrapMode() 函数的第 10 至 19 行在判断原换行状态的基础上，切换换行状态。

```
// 在 mainwindow.h 中
// ……
class MainWindow : public QMainWindow
{
   Q_OBJECT
private：
bool  flag_endl;// 换行标记
private slots:
// ……
   void setLineWrapMode();
}
```

```
// 在 mainwindow.cpp 中
void MainWindow::setupActions()
{
// ……
connect(endl_act,SIGNAL(triggered()),this,SLOT(setLineWrapMode()));
// ……
}
void MainWindow::setLineWrapMode()
{
   if(!flag_endl)
   {
      text->setLineWrapMode(QTextEdit::WidgetWidth);
      flag_endl=true;
   }
   else
   {
      text->setLineWrapMode(QTextEdit::NoWrap);
      flag_endl=false;
   }
}
```

❑ **功能 5.1~5.2：帮助**

“帮助”菜单包括“发送反馈”和“关于”子菜单。

当“发送反馈”被点击时，需要打开外部应用来实现发送邮件，使用到的函数为

QDesktopServices::openUrl()。该函数仅仅作为一个启动脚本使用，也就是相当于直接双击电脑上面的文件；如果指定一个 mailto 地址，将会打开 e-mail 客户端（例如 Outlook）。当点击“关于”子菜单时，会弹出一个消息对话框，用于向用户展示自定义记事本的相关信息。

在下面的具体实现中，在 mainwindow.h 中声明了名为 aboutMynote () 的槽函数（第 08 行）和名为 mailToMe() 的槽函数（第 09 行）。mainwindow.cpp 中的第 05 行连接信号发送者 about_act 对象中的 triggered() 信号与接收者 this 中的 aboutMynote() 槽函数，第 06 行连接信号发送者 mail_act 对象中的 triggered() 信号与接收者 this 中的 mailToMe() 槽函数；aboutMynote() 函数的作用为弹出“关于”对话框，mailToMe() 函数（第 18 行）使用 QDesktopServices::openUrl() 函数打开邮箱应用。

```
01 // 在 mainwindow.h 中
02 // ……
03 class MainWindow : public QMainWindow
04 {
05    Q_OBJECT
06 private slots:
07 // ……
08   void aboutMynote();
09   void mailToMe();
10 }
01 // 在 mainwindow.cpp 中
02 void MainWindow::setupActions()
03 {
04 // ……
05    connect(about_act,SIGNAL(triggered()),this,SLOT(aboutMynote()));
06    connect(mail_act,SIGNAL(triggered()),this,SLOT(mailToMe()));
07 // ……
08 }
09 void MainWindow::aboutMynote()
10 {
11    QMessageBox message(QMessageBox::Information,tr(“ 关于 MyNote”),
12    tr(“ 版本号 : 1.0\n”” 作者 :Qt\n”” 功能 : 文本编辑 \n”” 下一步：查找和替换 ”));
13    message.setIconPixmap(QPixmap(tr(“:/new/prefix1/about”)));
```

```
    message.exec();
}
void MainWindow::mailToMe()
{
  QDesktopServices::openUrl(QUrl(QLatin1String("mailto:mymailbox@cuc.edu.cn")));
}
```

目前为止，本章完成了一个完整的“MyNotes”记事本。该记事本具备新建文件、打开文件、保存文件、退出、复制、粘贴、剪切、打印、查找、自动换行、替换、格式修改等多种功能，部分功能的示例如图 3–9 所示。

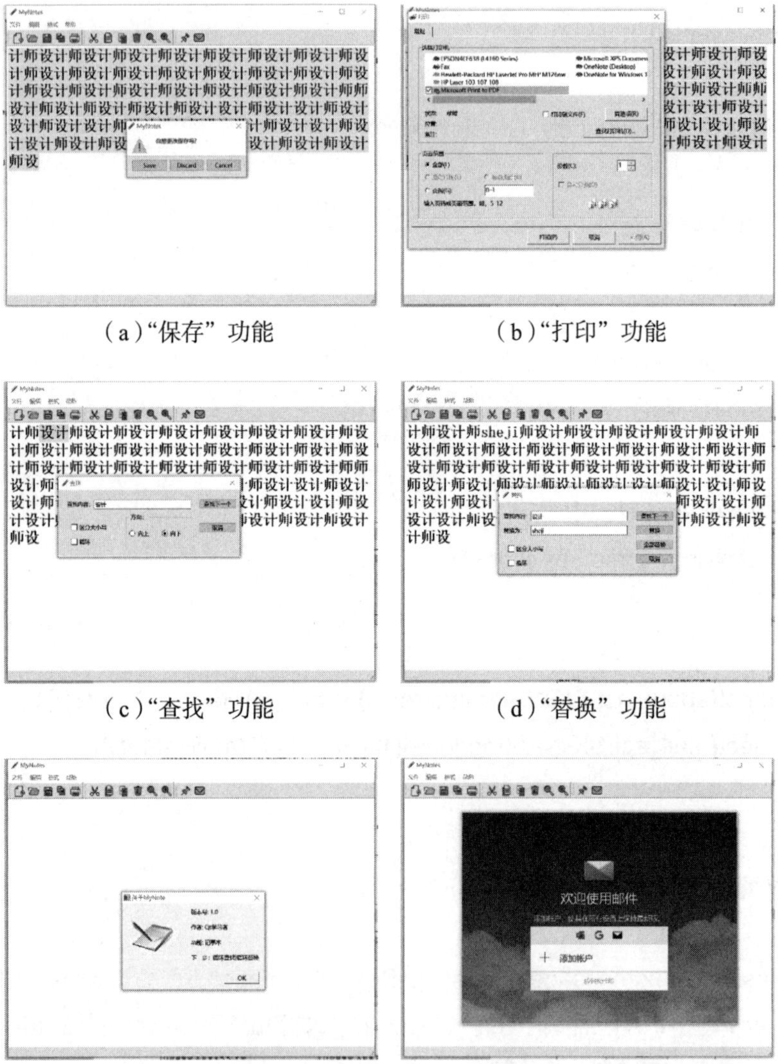


（a）“保存”功能　　（b）“打印”功能

（c）“查找”功能　　（d）“替换”功能

（e）“关于”功能　　（f）“邮件”功能

**图 3–9　“MyNotes”运行结果**

| 提示 | QtCreator 和所有的 IDE 一样，可以方便地对程序进行调试。当程序功能越来越复杂时，调试会成为排除错误的重要手段之一。对项目进行调试的步骤如下：<br>• 将项目设置为 debug 模式；<br>• 在代码所在行号的前面用鼠标点击一下，形成的红点即为断点；<br>• ctrl+4 或点击左侧灰色甲壳虫，进入调试模式；<br>• 接下来就可以使用下方的 debugger 调试了；<br>• 点击左侧的“编辑”，即可回到编辑模式。 |
| --- | --- |

## 3.4　思考与练习

1. 除了 windows 自带的“记事本”，还有哪些常用的文本编辑器？各有什么特点？
2. 完成本章中的“MyNotes”项目，思考该项目还有哪些可以优化的地方。

# 第 4 章　绩点计算器

**本章学习目标**

- 理解数据、数据库、关系型数据库、数据库管理软件等概念。
- 了解 Qt 开发框架中 SQLite 数据库管理软件的使用。
- 通过实例，熟悉系统设计和系统实现的流程。
- 掌握结构化查询语言 SQL 进行数据“增、删、查、改”的方法。

“绩点”是评估学习成绩的一种方法，计算绩点的一种计算方式为计算平均课程绩点，亦即 GPA=average（课程绩点）。假设一名就读于某高校的四年级学生，在已经度过的 7 个学期内共修了 30 门必修课，那么截至目前，该学生的绩点是多少呢？本章将首先对数据库的基本知识进行介绍，然后通过**“‘绩点’计算器”**实例带领大家逐步熟悉数据库的建立和操作，本章实现的**“‘绩点’计算器”**可以在课程信息已经确定的情况下，增减学生、增减某个学生在某门课程取得的成绩，并实现绩点数据刷新。

## 4.1　数据库基础

### 4.1.1　数据与数据库

在计算机领域，数据、数据结构、数据库、数据库管理系统等是常见的概念。其中，数据是各种字母、数字、符号、语音、图形、图像等的统称，数据结构则是相互之间存在一种或多种特定关系的数据元素的集合，数据库（Database）是指按照数据结构来组织、存储和管理数据的仓库，数据库管理系统（DBMS，Database Management System）是一种操纵和管理数据库的大型软件，用于建立、使用和维护数据库，如 Redis、SQLite、Microsoft Access 等。

数据库可以分为关系型数据库和非关系型数据库。关系型数据库指采用了关系模型来组织数据的数据库，如 Redis、SQLite、Microsoft Access、DB2 等。非关系型数据库以键值对存储，且结构不固定，每个元组可以有不一样的字段，每个元组可以根据需要增加一些自己的键值对，如 Redis、MongoDB 等。由于关系型数据库一直以来被广泛应用，本教程主要侧重于关系型数据库的介绍。

关系型数据库之所以被广泛应用，一是由于关系型数据库采用二维表表示实体之间的联系（包括关系名、属性名、关键字等），这一点非常贴近物理世界对数据的概念描述，并且关系模型相对网状、层次等其他模型来说更容易理解；二是得益于 SQL 语言，关系型数据库的操作非常方便，且易于维护。

在众多关系型数据库中，SQLite 是一款轻型的数据库，占用资源非常小，且支持 Windows/Linux/Unix 等主流的操作系统。同时，SQLite 能够跟很多程序语言相结合，如 C/C++、C#、PHP、Java 等；SQLite 还有 ODBC 接口，相比于 MySQL、PostgreSQL 数据库管理系统，SQLite 的处理速度更快。当然，SQLite 也可以作为桌面数据库使用，如 SQLite Man、SQLite Spy、SQLite Manager 、SQLite Expert 等。由于 SQLite 支持跨平台，操作简单，能够使用很多语言直接创建数据库，因此本教程中 4.3 节的实例将选择 SQLite 作为例程中的数据库管理系统，请下载 SQLite Expert② 作为数据库管理应用。

### 4.1.2　关系型数据库

真实世界的很多对象和对象之间的关系可以抽象为实体和实体之间的联系，而这些实体及其联系可以很自然地使用二维表进行描述。例如，在本章的实例中，如果计算某学生的“绩点”，实体包括学生、课程，二者的关系是学生选课。学生实体则又包含学号、姓名、性别、绩点等属性；课程信息则包括课程号、课程名、学分等属性。选课这一关系将学生、课程联系在了一起。学号这一属性是连接“学生”和“选课”的纽带，课程号属性又是连接“选课”和“课程”实体的纽带。这一关系可以表示为图 4–1，图中矩形表型实体，椭圆表示实体属性，菱形表示实体关系。

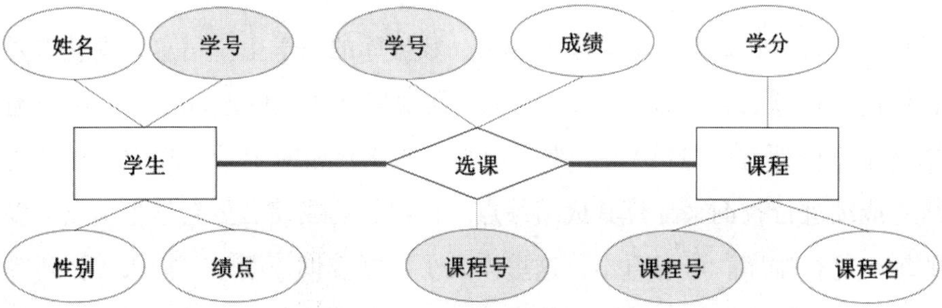


**图 4–1　学生、选课、课程之间的关系**

② http://www.sqliteexpert.com/。

实体和实体间的联系在数据库中的逻辑结构均使用二维表进行描述，因此需要三个二维表进行“学生”实体、“课程”实体、“选课”实体关系的表述，如图 4–2 所示。

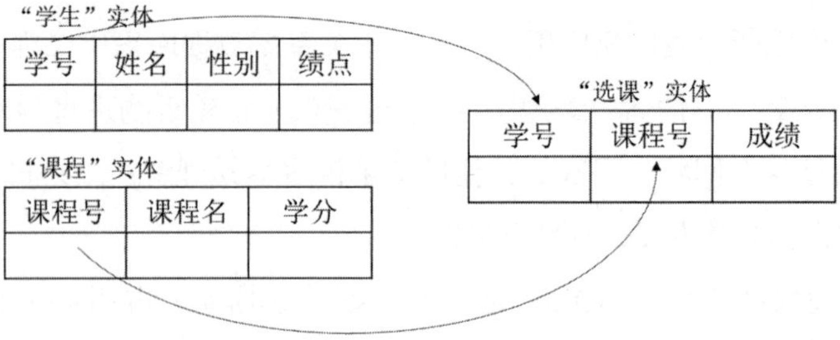


**图 4–2　数据库中的二维表**

关系型数据库以行和列的形式存储数据，这一系列的行和列被称为表，一组表组成了数据库。某一特定的二维表均由纵向的列和横向的行组成，如图 4–3 所示的“学生”实体二维表。行也叫元组或记录，代表一个实体。列也叫字段或属性，在表中是一条纵向的数据集合。列也定义了表中的数据结构。主属性是关系中的某一属性组，若它们的值唯一地标识一个记录，则称该属性为主属性或主键。主属性可以是一个属性，也可以由多个属性（属性组）共同组成。例如图 4–3 中课程号是课程信息表的主属性。

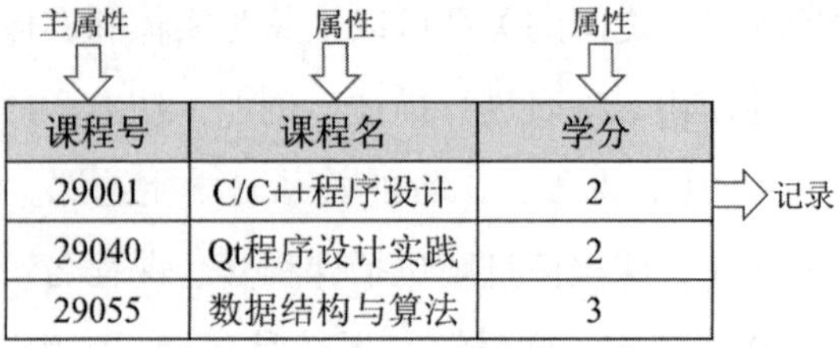


| 课程号 | 课程名 | 学分 |
|---|---|---|
| 29001 | C/C++程序设计 | 2 |
| 29040 | Qt程序设计实践 | 2 |
| 29055 | 数据结构与算法 | 3 |

**图 4–3　二维表中的属性与记录**

### 4.1.3　结构化查询语言 SQL

设想某同学为一名新生，该同学入学后，数据库的“学生”信息表中就需要增加一条记录；该同学选课后，“选课”二维表中也需要增加相应的选课记录。类似地，假设某同学退选了某门课程，“选课”二维表中则需要删除相应记录。除此之外，还需要对该同学所有成绩进行查询来计算其成绩绩点，获得新的成绩后更新学生绩点，以及对所有同学的绩点进行排序。可以看出，这里涉及了数据查询、删除、插入、更新等各种操作。一般来说，使用数据的人并不清楚数据的具体存放方式，也很难完全熟悉各种底层结构不同的数据库系统，因此需要一种独立于底层、允许用户在高层数据结构上工作的编程语言来实现数据库的操作。这就催生了结构化查询语言（Structured Query Language,

SQL）。

SQL 是高级的非过程化编程语言，无论底层数据库系统如何，用户都可以使用相同的 SQL 语言作为数据输入与管理的 SQL 接口。数据库管理者只需要指出做什么，而不需要指出该怎么做即可完成对数据库的管理。SQL 以记录集合作为操作对象，所有 SQL 语句接受集合作为输入，返回集合作为输出，这种集合特性允许一条 SQL 语句的输出作为另一条 SQL 语句的输入，所以 SQL 语句可以嵌套，这使得它具有极大的灵活性和强大的功能。SQL 按照功能分为四类：数据查询语言、数据定义语言、数据操纵语言、数据控制语言。

数据查询语言（DQL, Data Query Language）负责进行数据查询，不能对数据本身进行修改。如在“SELECT FROM 表名 1，表 2”中，SELECT 表示提取某些记录，FROM 实现来源设定；还可以结合其他语句，如结合 WHERE 设置提取的过滤条件、结合 GROUP BY 进行分组、结合 HAVING 设置分组过滤条件、结合 ORDER BY 按照规则排序。

数据定义语言（DDL, Data Definition Language）负责数据结构定义与数据库对象定义，由 CREATE、ALTER 与 DROP 等指令组成。CREATE 可以用来创建用户、数据库、数据表、视图、存储过程、存储函数、触发器、索引等，ALTER 负责数据库对象的修改，DROP 用于删除数据库对象，只需要指定要删除的数据库对象名即可删除数据库对象。

数据操纵语言（DML, Data Manipulation Language）负责对数据库对象的数据访问工作，其核心是 INSERT、UPDATE、DELETE 三种指令，分别代表插入、更新与删除。INSERT 指令将数据插入数据库对象中。UPDATE 指令根据给定条件，将匹配条件的数据表中的数据更新为新的数值。DELETE 指令则负责从数据库对象中删除数据。

数据控制语言（DCL, Data Control Language）是一种可对数据访问权进行控制的指令，它可以控制特定用户账户对数据表、查看表、预存程序、用户自定义函数等数据库对象的控制权。数据控制语言由 GRANT 和 REVOKE 两个指令组成，GRANT 是授权语句, REVOKE 是撤销授权语句。

关于 SQL 的更多知识，可以参考 W3CShool 的 SQL 教程③。

### 4.1.4　Qt 与数据库

在 Qt 中使用数据库时，首先需要查看安装的 Qt 中支持的驱动列表。一般可以在 Qt

③　https://www.w3school.com.cn/sql/index.asp。

安装目录的“C:\Qt\6.*.*\mingw*_*\plugins\sqldrivers”文件夹中查看所有的驱动插件文件。例如，笔者的该文件夹下存在三个驱动插件文件，分别为 qsqlite.dll、qsqlodbc.dll、qsqlpsql.dll。

之后，还需要在 *.pro 工程文件中添加：QT+= sql。Qt 通过 Qt SQL 模块提供了平台独立的基于 SQL 的数据库操作，包括常见数据库的操作和网络数据库的操作。Qt SQL 模块中的 API 分为三层：驱动层、SQL 接口层、用户接口层。

驱动层为具体的数据库和 SQL 接口层之间提供了底层的桥梁，主要类包括 Qt SQL 模块中的 QSqlDriver（访问特定数据库的抽象基类）、QSqlDriverCreator（为特定驱动程序类型提供 SQL 驱动的模板类）、QSqlDriverCreatorBase（QSqlDriverCreator 的基类）、QSqlDriverPlugin（为自定义 QSqlDrive 插件提供一个抽象基类）和 QSqlResult（结果集类）。

SQL 接口层提供了对数据库的访问，主要类包括 Qt SQL 模块中的 QSqlDatabase（连接数据库的接口类）、QSqlQuery（提供执行和操作 SQL 语句的方法，实现与数据库的交互）、QSqlError（特定数据库的错误信息）、QSqlField（数据库表和视图中的字段）、QSqlIndex（提供操作和描述数据库索引的函数）和 QSqlRecord（对数据库记录的封装）。

用户接口层主要包括 Qt SQL 模块中的 QSqlQueryModel（为 SQL 结果集提供只读数据模型）、QSqlTableModel（单张数据库表的可编辑数据模型）、QSqlRelationalTableModel（支持外键的单张数据库表的可编辑数据模型）。用户接口层的类实现了将数据库中的数据链接到窗口部件上，是使用模型 / 视图框架实现的，是更高层次的抽象，即便不熟悉 SQL 也可以操作数据库。需要注意的是，在使用用户接口层的类之前必须先实例化 QCoreApplication 对象。

## 4.2 “绩点计算器”设计

在介绍了“绩点计算器”应用程序设计中可能会使用到的类之后，本小节对“绩点计算器”程序进行整体的功能分析和 UI 设计。

### 4.2.1 功能描述

本例假设所有可选课程及其学分已经确定，即课程号、课程名称及课程学分二维表已经具备，且课程学分二维表不能修改。也就是说本例中可以增减学生，也可以增减某个学生在某门课程中取得的成绩，但是不能增减课程信息。

“绩点计算器”桌面程序的预计功能是在上述假设条件具备的情况下，对学生的选课和 GPA 进行操作和管理。因此，本例中应至少包含四大功能：数据展示、增减学生、增减成绩、刷新 GPA，如图 4–4 所示。

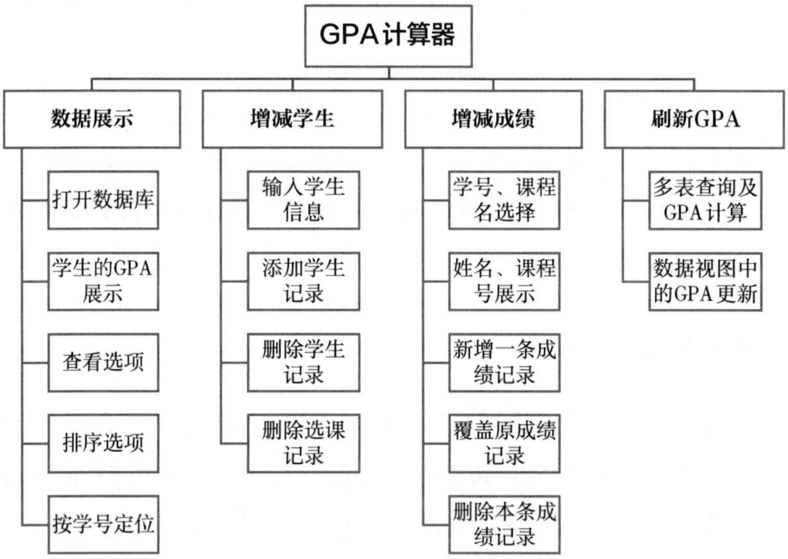


**图 4–4　“GPACalculator”功能描述**

“绩点计算器”桌面程序可实现的具体功能为：

（1）数据展示功能指用户可以直观地看到所有学生的 GPA，并可以根据需要查看不同记录。因此本部分的功能具体包括：

- 打开数据库。这里打开的是下一节中建立的数据库。
- 学生的 GPA 展示。这里展示所有学生的姓名、性别、学号、GPA。
- 查看选项更改功能。允许用户根据需求选择查看所有学生的 GPA（查看全部）、只查看 GPA 为 0 的学生、只查看 GPA 超过 2.5 的学生、只查看排名前 5% 的学生。
- 按照顺序查看功能。可以按照学号升序、降序查看，也可以按照 GPA 升序、降序查看。
- 根据学号跳转到记录功能。可以根据用户选择的学号跳转至该生在数据视图中的位置。

（2）增减学生功能。当有新生来到本班时，可以在“学生”二维表中添加该学生的学号、姓名、性别等基本信息。当有学生离开时，删除“学生”二维表中的该生记录，并删除该生的选课记录，亦即“选课”二维表中的该生选课记录。

（3）增减成绩功能。增减成绩时，假设该学生和信息已经存在。因此在本模块中，由下拉框展示已有的学号供选择，以及展示所有的课程供选择。当选择学号及课程名称后，学生姓名通过查询“学生”二维表获取并展示，课程编码通过查询“课程”二维表获取并展示。选择好学号及课程名，用户可以删除该生的该课程成绩，或输入成绩后添加本课程成绩。如果已经存在该课程成绩且用户发出了新增成绩 Action，则会覆盖原有成绩。

（4）刷新 GPA 功能。刷新 GPA 时，需要进行多表查询。从“学生”二维表中查询学生学号，学号可以唯一标志某一位学生；从“课程”二维表中查询课程学分；从“选课”二维表中查询某位学生的各科成绩。根据某位学生选课的各科成绩和课程学分计算该生的 GPA，并更新到数据视图中。

### 4.2.2　数据库建立

如图 4–2 所示，本实例中需要在数据库中建立三个表格。本节在数据库管理系统中建立数据库及其数据表。打开 SQLite Expert Personal，点击“New Dataset”新建一个名为“GPACal”的数据库。在数据库内新建三个表格，“Students”表格对应学生信息二维表，“Courses”表格对应课程信息二维表，“Selected”表格对应学生选课二维表。分别在三个表格中选择“Design”标签，之后选择“Columns”标签进行字段设计，如图 4–5 所示。

| RecNo | Column Name | SQL Type | Size | Scale | PK | Default Value | Not Null | Not Null Conflict |
|---|---|---|---|---|---|---|---|---|
| 1 | EduID | INT64 | | | ☐ | | ☑ | |
| 2 | name | VARCHAR | 10 | | ☐ | | ☑ | |
| 3 | Gender | VARCHAR | 4 | | ☐ | | ☑ | |
| 4 | GPA | FLOAT | | | ☐ | | ☐ | |

（a）“Students”表格

| RecNo | Column Name | SQL Type | Size | Scale | PK | Default Value | Not Null | Not Null Conflic |
|---|---|---|---|---|---|---|---|---|
| 1 | CourseID | INT64 | | | ☐ | | ☑ | |
| 2 | CourseName | VARCHAR | 30 | | ☐ | | ☑ | |
| 3 | Credit | FLOAT | | | ☐ | | ☑ | |

（b）“Courses”表格

| RecNo | Column Name | SQL Type | Size | Scale | PK | Default Value | Not Null | Not Null Conflict Clau |
|---|---|---|---|---|---|---|---|---|
| 1 | EduID | INT64 | | | ☐ | | ☑ | |
| 2 | CourseID | INT64 | | | ☐ | | ☑ | |
| 3 | Score | FLOAT | | | ☐ | | ☐ | |

（c）“Selected”表格

**图 4–5　数据库表格设计**

假设已经有上述三个二维表的数据（这种情况在实际中很常见），分别为 students.csv、courses.csv、selected.csv，并且假设这些数据属性之间的分隔符为逗号，这时就可以先将已有的数据导入数据库表格中。当已有数据的数据量比较大时，导入的方式将会比逐条新增记录更加便捷。

为了说明，本例中虚拟出三个 csv 文件。将 csv 文件和数据库 db 文件放在同一目录下，接着在命令行窗口下使用 cd 命令进入该目录。首先打开数据文件（斜体为窗口自动提示或结果输出）：

```
sqlite3 GPACal.db
sqlite>
```

之后将分隔符修改为‘,’逗号，这个是 csv 文件中设定的分隔符：

```
sqlite>.separator ','
```

然后将 csv 文件导入数据表格中：

```
sqlite>.import students.csv Students
```

这时可以使用 select 语句简单测试一下数据是否导入成功：

```
sqlite> select * from Students;
210901，李一，male,0.0
210902，李二，female,0.0
……
sqlite>
```

可以看出，csv 文件中的学生信息已经被正确导入 Students 表格，这时如果观察 SQLite Expert Personal 中的 Students 表格，可以发现其中的 Data 已经更新为我们刚刚导入的数据。使用同样的方法，可以将 courses.csv 和 selected.csv 的数据分别导入 GPACal.db 中的 Courses 表格和 Selected 表格中。这时就已经具备了一个具有部分数据记录的数据库了。

### 4.2.3　主窗口设计

根据 4.2.1 节的描述，本例中将 UI 分为四个区域，对应数据视图的数据展示区、查看选项区、增减学生及课程的输入区以及功能区。四个区域的安排如图 4-6 所示。

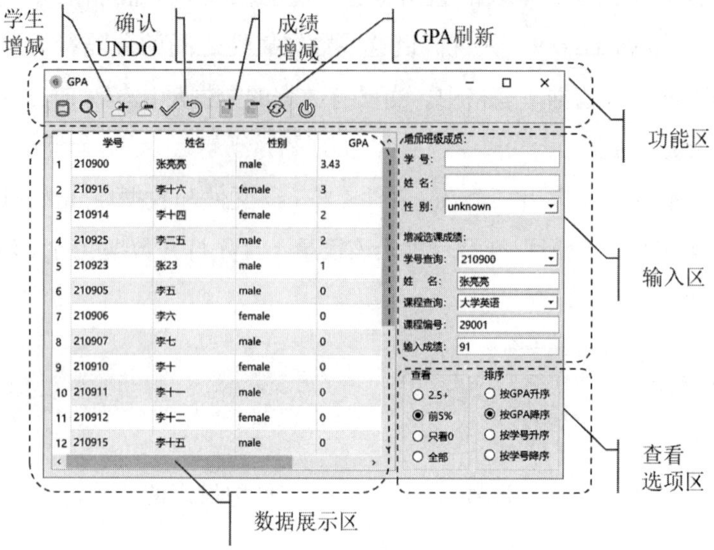


图 4-6 “GPA 计算器”用户 UI

## 4.3 “绩点计算器”的实现

### 4.3.1 主窗口 UI 的实现

新建一个名为“GPACalculator”的基于 MainWindow 类的项目。基于 MainWindow 类的项目原本包含菜单栏、工具栏和状态栏，本实例中不需要菜单栏和状态栏，因此在菜单所在位置右键选择“移除菜单栏”，在状态栏所在位置右键选择“移除状态栏”。如果你的项目没有工具栏，请在工具栏所在位置（原菜单栏的下方）右键选择“增加工具栏”。

为了实现所示的界面，需要按照如下思路进行程序的编写：

(1) 在项目中增加资源文件，并建立 qrc 文件管理所有资源；
(2) 在 UI 中增加所需的 Action，并设计工具栏；
(3) 在 UI 中设计主窗口所需的容器和组件，设定 ObjectName 和其他属性；
(4) 对 UI 进行其他初始化设置。

#### 4.3.1.1 资源文件导入及管理

本例中需要导入的资源文件主要是图标，包括用于工具栏的“add.png”“open.png”等，也包括可用于执行文件的图标“GPA.jpg”，如图 4-7 所示。

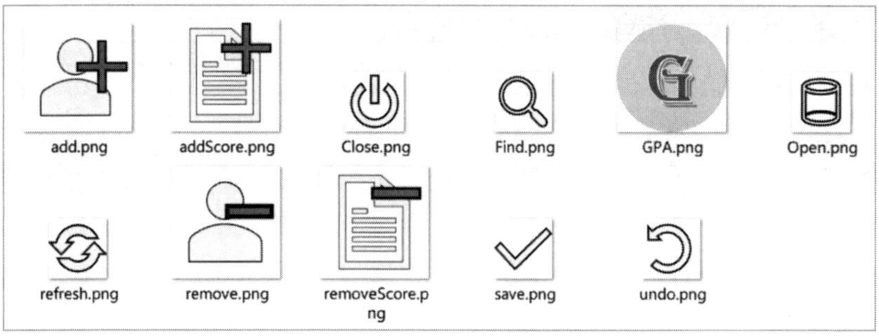


**图 4–7　“绩点计算器”中使用的图片资源**

在工程名右键选择 New | Qt |Qt Resource File，点击 Choose…，在 Location 的 File Name 文本框中填写资源文件名为“images”；之后在左侧的项目视图中 Resources 文件夹下右键点击“images.qrc”，选择 Open in Editor。然后增加前缀 /new/prefix1，并在该前缀下增加所有图像文件，并设置对应别名，如图 4–8 所示。图中图像文件名后的括号里为图像资源的别名。

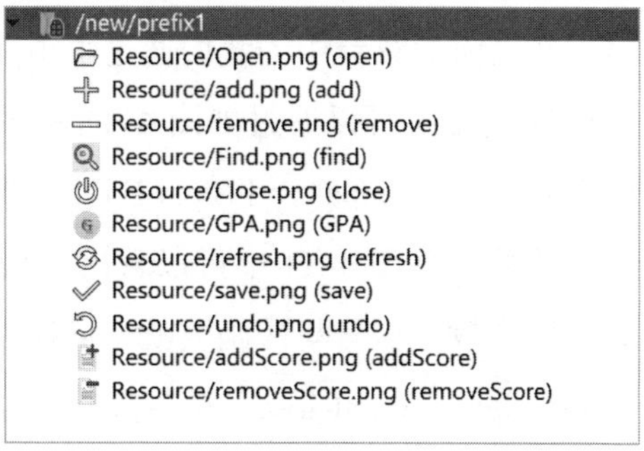


**图 4–8　“绩点计算器”中图片的别名**

#### 4.3.1.2　在 UI 中增加所需的 Action，并设计工具栏

和 3.2.2 节不同的是，本实例中将使用 UI 设计师直接增加工具栏。直接使用代码方式或使用 UI 设计师增加 Action 都是常用的方式，可以根据自己的习惯选择使用。首先，在 Action Editor 中点击“新建”增加所需的 Action。Action Editor 会弹出如图 4–9 所示的对话框。务必设定好相应的对象名称；ToolTip 为鼠标处于工具栏按钮时的提示；在“图标”中将资源中对应的图片选中，即为该工具栏按钮选中作为图标的图像；在“shortcut”中可以为该操作增加快捷键。

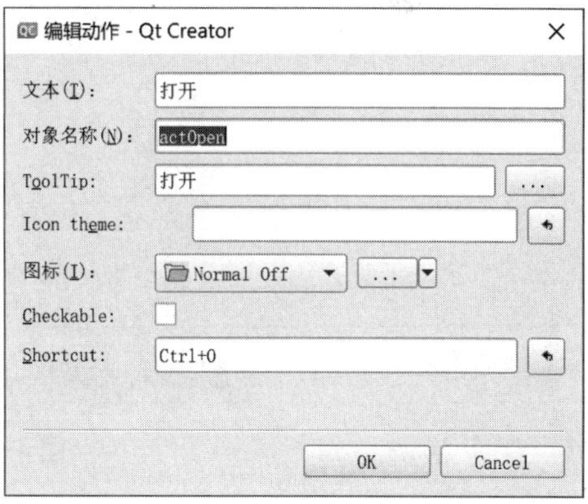


**图 4–9　为“绩点计算器”新建 Action**

根据本例中的功能需求，项目中共增加了 10 个如图 4–10 所示的 Action，分别用于打开数据库、增加学生、删除学生、查询记录、关闭数据库、更新 GPA、保存修改、放弃修改、增加成绩和删除成绩。接着，将设计好的 Action 逐个拖动到本例的工具栏中（见图 4–12），并调整好位置。如果需要增加分割线，在工具栏中右键点击“增加分割线”即可。

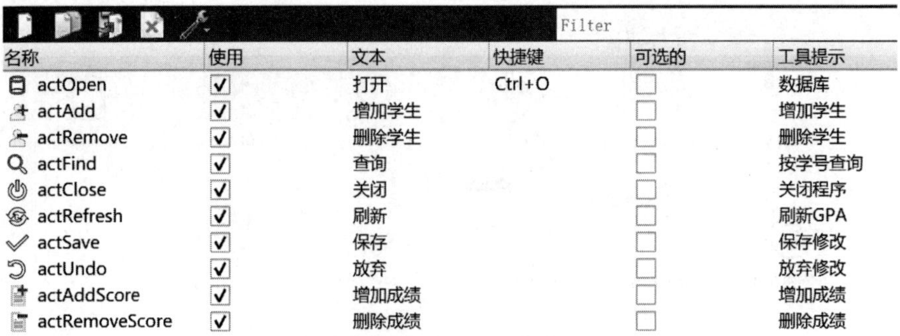

| 名称 | 使用 | 文本 | 快捷键 | 可选的 | 工具提示 |
|---|---|---|---|---|---|
| actOpen | ✓ | 打开 | Ctrl+O | ☐ | 数据库 |
| actAdd | ✓ | 增加学生 | | ☐ | 增加学生 |
| actRemove | ✓ | 删除学生 | | ☐ | 删除学生 |
| actFind | ✓ | 查询 | | ☐ | 按学号查询 |
| actClose | ✓ | 关闭 | | ☐ | 关闭程序 |
| actRefresh | ✓ | 刷新 | | ☐ | 刷新GPA |
| actSave | ✓ | 保存 | | ☐ | 保存修改 |
| actUndo | ✓ | 放弃 | | ☐ | 放弃修改 |
| actAddScore | ✓ | 增加成绩 | | ☐ | 增加成绩 |
| actRemoveScore | ✓ | 删除成绩 | | ☐ | 删除成绩 |

**图 4-10 “绩点计算器”中的 Action**

在之前的章节中，我们通过手工编写代码的方式完成了信号和槽函数的连接。信号与槽的连接还可以通过如图 4-11 所示的“信号槽编辑器”进行。点击“Action Editor”标签右边的“Signal and Slots Editor”标签即可进行编辑。点击左上角的“+”，可以新增一条连接。从图 4-11 中可以看出，只要我们设定好信号的发送者、信号、信号的接收者、槽函数，信号与槽函数就连接好了。这里我们以关闭程序为例进行说明。当工具栏上的“关闭”（actClose）被触发时，就会发射 trigger() 信号；主窗口接收到该信号，就会调用系统函数 close() 关闭当前程序。如果希望更灵活地发射信号，建议通过写代码调用 connect 函数的方式进行信号与槽函数的连接。

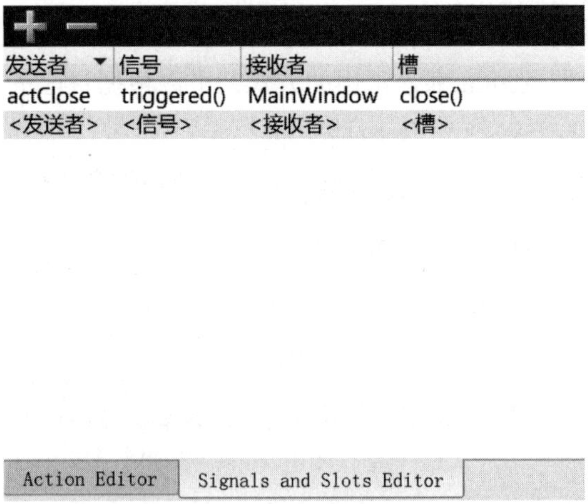

| 发送者 | 信号 | 接收者 | 槽 |
|---|---|---|---|
| actClose | triggered() | MainWindow | close() |
| <发送者> | <信号> | <接收者> | <槽> |



**图 4-11 信号槽编辑器**

#### 4.3.1.3 在 UI 中设计主窗口所需的容器和组件

工具栏设定好之后，就可以在 UI 设计师界面中增加功能对应的控件和容器了。图 4-12 中为 UI 设计师界面中的 UI 效果，按照主窗口的设计，UI 中安排了四个区域，对应数据视图的数据展示区、查看选项的选项区、增减学生及课程的输入区以及功能操作区。

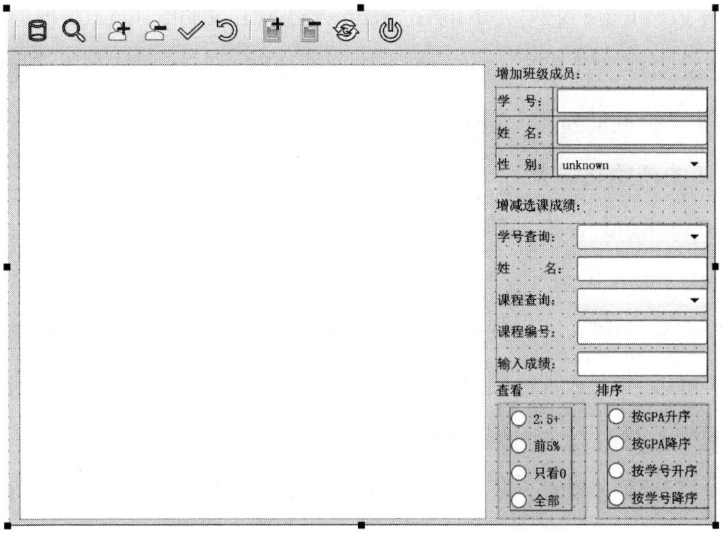


**图 4-12　“GPA 计算器”UI 设计**

图 4-13 中按照对应的位置关系展示了对应的控件和容器的 ObjectName。其中的 tbV_data 对应了图 4-12 中的数据视图区域，用于显示所有学生的 GPA。在增加班级成员区域，性别 comboBox 中预设了三个可选值：unkno、male、female。增减选课成绩区域将会从二维表中提取数据并预先显示所有学号、学号对应的姓名、所有课程名称、课程编码，如果有选课成绩则同时显示该学号的学生本课程的成绩。查看选项包括查看 2.5 分以上的记录、GPA 排名前 5% 的记录、只看 0 分的记录以及查看全部。排序选项包括按照 GPA 升序排序、按照 GPA 降序排序、按照学号升序排序以及按照学号降序排序。至此，“GPA 计算器”的 UI 上涵盖了所有所需的用户交互功能。

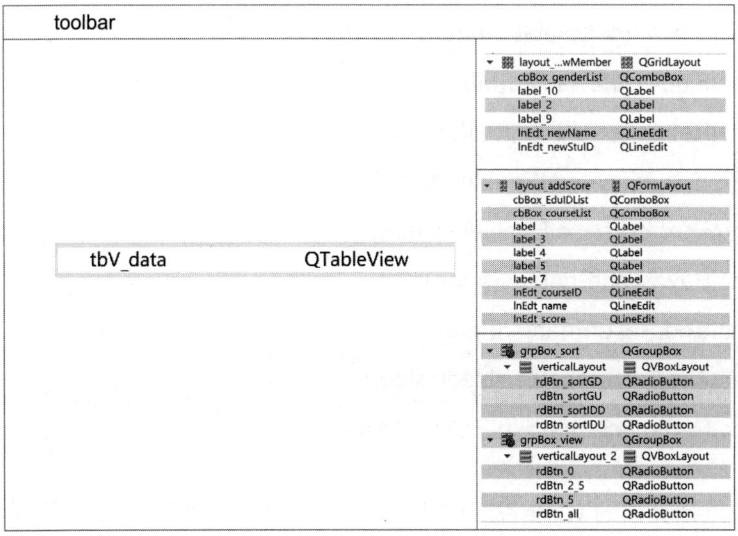


**图 4-13　“GPA 计算器”控件及容器布局**

打开 debug 或 release 文件夹下的 ui_mainwindow.h 文件，可以发现原来这里已经自动生成了 UI 底层实现的代码！ Qt UI 设计师界面使用户可以在节省大量的代码撰写时间的前提下，获得“所见即所得”的效果。

#### 4.3.1.4 UI 的初始化设置

接着在 QMainWindow 类的构造函数中增加一些 UI 界面的初始化工作，这样我们的 UI 就可以有一些个性化的设定。UI 的个性化设定包括：

- 在数据显示时，用户选择一个项目后，其他项目都设定为未选择状态；
- 用户可以在单击所选项目时同时按住 Ctrl 键取消所选项目；
- 数据显示时两行之间颜色交替；
- 当未打开数据库时，只有打开数据库功能可用，其他操作不可用。

```
// 当用户选择一个项目时，任何已选择的项目都将变为未选择。
ui->tbV_data->setSelectionBehavior(QAbstractItemView::SelectItems);
// 用户可以在单击所选项目时按 Ctrl 键取消选择所选项目。
ui->tbV_data->setSelectionMode(QAbstractItemView::SingleSelection);
// 是否使用交替颜色绘制背景？是
ui->tbV_data->setAlternatingRowColors(true);
// 初始状态下的 Action 使能状态
ui->actOpen->setEnabled(true);
ui->actAdd->setEnabled(false);
ui->actRemove->setEnabled(false);
ui->actClose->setEnabled(false);
ui->actFind->setEnabled(false);
ui->actRefresh->setEnabled(false);
ui->grpBox_view->setEnabled(false);
ui->grpBox_sort->setEnabled(false);
ui->actSave->setEnabled(false);
ui->actUndo->setEnabled(false);
ui->actAddScore->setEnabled(false);
ui->actRemoveScore->setEnabled(false);
```

至此，绩点计算器的 UI 准备工作就完成了。接下来按照功能模块分别介绍各功能的实现。为了介绍不同类的使用方法，本实例的“绩点计算器”将混合使用 QTableModel

数据模型类和 QSqlQueryModel 数据模型类。

| 提示 | 在进行 UI 设计时，可以有多种选择：<br>· 使用代码进行设计。优点是代码可移植性好、灵活性高。缺点是代码量大，无法实现“所见即所得”，只能编译运行才可以看到 UI 的模样。<br>· 使用 UI 设计师界面进行设计。优点是“所见即所得”,UI 设计师界面的结果就是 UI 的模样。缺点是灵活性差，即使直接在 UI 设计师界面中进行槽连接，也无法直观地看到连接到哪个槽函数。<br>· 混合设计。这是一种比较推荐的设计方式。在 UI 设计师界面中设计应用所需要的 UI，根据程序的需求通过使用代码“ui->”可以随时更改 UI 的样子和状态，也可以显式连接到槽函数。 |
|---|---|

## 4.3.2　数据展示功能

### 4.3.2.1　打开数据库

在进行数据的显示之前，需要首先打开数据库。

当用户触发“actOpen”工具栏时，应该连接到打开数据库的槽函数。所以首先需要在 QMainWindow 的构造函数中增加 connect 函数。

```
connect(ui->actOpen,SIGNAL(triggered()),this,SLOT(actOpen_triggered()));
```

相应地，在 QMainWindow 的头文件中增加该槽函数的声明。由于还要打开数据库，因此还需要声明数据库变量 m_db。

```
private:
    QSqlDatabase m_db;// 与数据库进行连接
private slots:
    void actOpen_triggered();// 响应 actOpen
```

打开数据库的步骤为：弹出数据库选择对话框，添加 SQLITE 数据库驱动（第 11 行），设置数据库名称（第 14 行），打开数据表（第 16 至 20 行）。由于本例中打开数据表时还要将其展示在数据展示区域，因此这里调用了一个自定义函数 openTable() 实现读取与展示（第 21 行），此函数的实现思路及程序将在下一节介绍。

```
// 在 mainwindow.cpp 中
void MainWindow::actOpen_triggered()
{// 打开数据库
    QString dbFile=QFileDialog::getOpenFileName(this,” 请选择数据库文件 ”,
    “”,”SQLite(*.db;*.db3)”);
    if(dbFile.isEmpty()){
        return;
    }

    // 添加 SQLITE 数据库驱动
    m_db=QSqlDatabase::addDatabase(“QSQLITE”);

    // 设置数据库名称
    m_db.setDatabaseName(dbFile);

    if(!m_db.open()){
        QMessageBox::warning(this,” 错误 ”,”Open database error!”,
                    QMessageBox::Ok,QMessageBox::NoButton);
        return;
    }
    openTable();// 自定义函数实现数据读取与展示
}
```

#### 4.3.2.2 数据读取与展示

在 actOpen_triggered() 函数中调用的 openTable() 函数将实现数据的读取并展示在展示区域。这里的数据模型选择使用 QSqlTableModel 类实现。QSqlTableModel 是一个高层接口，用于从单个表读取和写入数据库记录。它构建在低层的 QSqlQuery 之上，可用于向诸如 QTableView 之类的视图类提供数据。

读取和展示包括以下几个步骤：

（1）基于 QSqlTableModel 类实例化数据表数据模型；

（2）打开数据表 Students，设置默认排序方式，并设置数据值编辑策略；

（3）使用数据表中的数据填充模型；

（4）设置视图中的显示字段；

（5）将数据模型与 UI 的 tableView 绑定；

（6）设置界面组件与数据模型字段之间的数据映射；

（7）修改 UI 中各 Action 的使能状态。

上述过程的实现代码如下。在 mainwindow.h 中声明基于 QSqlTableModel 类、QItemSelectionModel 类和 QDataWidgetMapper 类指针。

```
//mainwindow.h
private:
    QSqlTableModel *m_ptabModel;// 单数据表，本例使用其进行数据展示
    QItemSelectionModel *m_pSelection;// 表征 table 的选择模型
    QDataWidgetMapper *m_pDataMapper;// 界面组件与 tabModel 字段映射
    void openTable();// 自定义函数实现打开数据表
```

在下面的 mainwindow.cpp 中，实现 openTable() 函数。基于 QSqlTableModel 类实例化数据表数据模型 m_ptabModel（第 06 行），通过 setTable() 函数读写 m_db 数据库中的 Students 表格（第 07 行）。第 09 行设置默认排序方式为按照学号升序排列。第 11 行设置数据值编辑策略。本例中通过 setEditStrategy() 函数设置数据值编辑策略为：所有更改都将缓存在模型中，直至 submitAll() 或 revertAll() 被调用。submitAll() 被调用意味着提交所有挂起的更改，revertAll() 被调用则意味着挂起的更改被丢弃。第 13 至 19 行使用数据表中的数据填充模型，第 22 至 29 行设置视图中显示的“学号”“姓名”“性别”“GPA”字段，第 32 行实例化数据选择模型。QItemSelectionModel 类是模型 / 视图类之一，是 Qt 的模型 / 视图框架的一部分。它的作用是跟踪一个视图或同一模型上多个视图中的选定项。它还跟踪视图中当前选定的项目。第 34 和 35 行将数据模型与 UI 的 tableView 绑定。然后实例化 QDataWidgetMapper 类对象 m_pDataMapper，设置界面组件与数据模型字段之间的数据映射（第 39 至 42 行），亦即 QDataWidgetMapper 类，用来将 QAbstractItemModel 中的数据用一组 QWidget 派生类（QLineEdit、QSpinBox 等）显示。最后修改 UI 中各 Action 的使能状态（第 48 至 59 行），当数据库被成功打开且数据表成功展示在数据展示区时，就可以将操作功能对应的工具栏按钮激活，使它们处于使能状态；打开数据库的菜单栏按钮则转换为失效状态。

```
01 //mainwindow.cpp
02 void MainWindow::openTable()
03 {// 自定义函数实现打开数据表
04
05     // 使用 SqlTableModel 实现
```

```
    m_ptabModel=new QSqlTableModel(this,m_db);// 实例化数据表数据模型
    m_ptabModel->setTable("Students");// 默认打开 "Students 表格 "
    // 默认按照学号升序排列
    m_ptabModel->setSort(m_ptabModel->fieldIndex("EduID"),Qt::AscendingOrder);
// 设置数据值编辑策略：所有更改都将缓存在模型中，直至 submitAll() 或 revertAll() 被调用
    m_ptabModel->setEditStrategy(QSqlTableModel::OnManualSubmit);

    if(!(m_ptabModel->select())){// 使用表中的数据填充模型
       // 如果错误，弹出错误种类
       QMessageBox::critical(this,"Error!","Open table error!\n"+
          m_ptabModel->lastError().text(),QMessageBox::Ok,
          QMessageBox::NoButton);
       return;
    }

    // 设置字段显示
m_ptabModel->setHeaderData(m_ptabModel->fieldIndex("EduID"),
Qt::Horizontal," 学号 ");
m_ptabModel->setHeaderData(m_ptabModel->fieldIndex("name"),
Qt::Horizontal," 姓名 ");
m_ptabModel->setHeaderData(m_ptabModel->fieldIndex("Gender"),
Qt::Horizontal," 性别 ");
m_ptabModel->setHeaderData(m_ptabModel->fieldIndex("GPA"),
Qt::Horizontal,"GPA");

    // 数据选择模型
    m_pSelection=new QItemSelectionModel(m_ptabModel);

    // 将数据模型与 UI 的 tableView 绑定
    ui->tbV_data->setModel(m_ptabModel);// 设置数据模型
    ui->tbV_data->setSelectionModel(m_pSelection);// 设置选择模型

    // 设置界面组件与数据模型字段之间的数据映射
```

```
    m_pDataMapper=new QDataWidgetMapper();
    m_pDataMapper->setModel(m_ptabModel);// 设置数据模型
    // 设置提交策略：一旦 widget 失去焦点，小部件的当前值将设置为 item 模型
    m_pDataMapper->setSubmitPolicy(QDataWidgetMapper::AutoSubmit);

    // 移动首条记录
    m_pDataMapper->toFirst();

    // 设置 UI 组件的状态
    ui->actOpen->setEnabled(false);
    ui->actAdd->setEnabled(true);
    ui->actRemove->setEnabled(true);
    ui->actClose->setEnabled(true);
    ui->actFind->setEnabled(true);
    ui->actRefresh->setEnabled(true);
    ui->grpBox_view->setEnabled(true);
    ui->grpBox_sort->setEnabled(true);
    ui->actSave->setEnabled(true);
    ui->actUndo->setEnabled(true);
    ui->actAddScore->setEnabled(true);
    ui->actRemoveScore->setEnabled(true);
}
```

#### 4.3.2.3　查看选项

当用户在“查看选项区域”内选择了四种查看选项中的一种时，数据展示区要根据用户的选择重新展示出符合条件的数据。为此，首先需要声明四个查看选项的槽函数。

```
//mainwindow.h
private slots:
    // 查看选项
    void view5_clicked();
    void view2_5_clicked();
    void view0_clicked();
    void viewAll_clicked();
```

在 MainWindow 类的构造函数中建立四个查看单选框和槽函数之间的连接，之后就可以分别实现四种不同的查看效果了。这部分功能对应的代码如下：

```
//mainwindow.cpp
MainWindow::MainWindow(QWidget *parent)
    : QMainWindow(parent)
    , ui(new Ui::MainWindow)
{
    // ……
    // 四种查看模式
    connect(ui->rdBtn_5,SIGNAL(clicked()),this,SLOT(view5_clicked()));
    connect(ui->rdBtn_2_5,SIGNAL(clicked()),this,SLOT(view2_5_clicked()));
    connect(ui->rdBtn_0,SIGNAL(clicked()),this,SLOT(view0_clicked()));
    connect(ui->rdBtn_all,SIGNAL(clicked()),this,SLOT(viewAll_clicked()));
}
void MainWindow::view2_5_clicked()
{// 设置 select 条件
    m_ptabModel->setFilter(“GPA>=’2.5’”);
}
void MainWindow::view0_clicked()
{// 设置 select 条件
    m_ptabModel->setFilter(“GPA=’0’”);
}
void MainWindow::viewAll_clicked()
{// 设置 select 条件
    m_ptabModel->setFilter(“”);
}
void MainWindow::view5_clicked()
{// 设置 select 条件
    m_ptabModel->setSort(3,Qt::DescendingOrder);
    int xx=0.05*m_ptabModel->rowCount();
    QModelIndex sepIdx=m_ptabModel->index(xx,0);
    QSqlRecord currRecord=m_ptabModel->record(sepIdx.row());
    float gpa_sep=currRecord.value(“GPA”).toFloat();
    m_ptabModel->setFilter(QObject::tr(“GPA>= ‘%1’”).arg(gpa_sep));
}
```

在进行查看选项调整时，需要使用 QTableModel 的 setFilter() 方法。该函数的原型为：

```
void QSqlTableModel::setFilter(const QString & filter)
```

该函数使用参数中的 filter 过滤器对当前表格的记录进行过滤。如果模型已经填充了来自数据库的数据，则模型将使用 filter 这个新过滤器重新选择它。这里的过滤器本质上是一个 SQL WHERE 子句，只是没有关键字 WHERE。例如，语句 m_ptabModel–>setFilter（“GPA>=‘2.5’”）本质上对应了 SELECT * FROM Students WHERE ‘GPA>=2.5’。

例程中选择只查看 GPA 处于前 5% 的学生时，先由 setSort() 对 GPA 列按降序排列，然后找到 5% 分割点处的 GPA 分数 gpa_sep，最后通过设定过滤器（QObject::tr（“GPA>=‘%1’”）.arg（gpa_sep））进行过滤。其中的‘%1’是一个占位符，表示此处的数值会由后面 arg() 中的 gpa_sep 决定。

#### 4.3.2.4　排序选项

当用户在“查看选项区域”内选择不同的排序方式时，数据展示区也要根据用户的选择重新展示出不同排序的结果。为此，首先需要声明四个排序选项的槽函数，下面第 04 至 07 行声明的 4 个槽函数分别代表按学生 ID 降序排序、按学生 ID 升序排序、按 GPA 降序排序、按 GPA 升序排序。

```
01 //mainwindow.h
02 private slots:
03     // 排序
04     void sortIDD_clicked();// 按学生 ID 降序
05     void sortIDU_clicked();// 按学生 ID 升序
06     void sortGPAD_clicked();// 按 GPA 降序
07     void sortGPAU_clicked();// 按 GPA 升序
```

在下面 MainWindow 类的构造函数中建立四个排序单选框和槽函数之间的连接（第 07 至 10 行），之后分别实现四种不同的排序效果。这部分功能对应的代码如下：

```
01 //mainwindow.cpp
02 MainWindow::MainWindow(QWidget *parent)
03     : QMainWindow(parent)
04     , ui(new Ui::MainWindow)
05 {   //……
```

```
    // 四种排序
    connect(ui->rdBtn_sortIDD,SIGNAL(clicked()),this,SLOT(sortIDD_clicked()));
    connect(ui->rdBtn_sortIDU,SIGNAL(clicked()),this,SLOT(sortIDU_clicked()));
    connect(ui->rdBtn_sortGD,SIGNAL(clicked()),this,SLOT(sortGPAD_clicked()));
    connect(ui->rdBtn_sortGU,SIGNAL(clicked()),this,SLOT(sortGPAU_clicked()));
}
void MainWindow::sortIDD_clicked()
{
    m_ptabModel->setSort(0,Qt::DescendingOrder);
    m_ptabModel->select();
}
void MainWindow::sortIDU_clicked()
{
    m_ptabModel->setSort(0,Qt::AscendingOrder);
    m_ptabModel->select();
}
void MainWindow:: sortGPAD_clicked()
{
    m_ptabModel->setSort(3,Qt::DescendingOrder);
    m_ptabModel->select();
}
void MainWindow:: sortGPAU_clicked()
{
    m_ptabModel->setSort(3,Qt::AscendingOrder);
    m_ptabModel->select();
}
```

在进行排序时，通过 setSort 函数按照不同的字段（表格的 header）进行升序或降序排列，然后通过 slect() 函数填充模型。select() 函数的作用是使用指定的筛选和排序条件，通过 setTable() 设置的表中的数据填充模型，如果成功，则返回 true，否则返回 false。

#### 4.3.2.5　在数据展示区查找特定学生

当 actFind 被触发时，会连接 actFilter_triggered() 槽函数。下面代码在 mainwindow.h 中声明了槽函数（第 03 行）。

```
//mainwindow.h
private slots:
    void actFilter_triggered();
```

该函数的主要功能是根据学号在数据展示区的 QTableView 中找到该学生并设置为选定状态。下面第 06 行将 UI 中的 actFind 触发连接到 actFilter_triggered() 函数。该函数的实现代码如第 08 至 30 行。当用户在 UITableView 中按学号进行查找时，从当前位置开始，循环所有记录，按照学号逐个比对，直至找到为止。

```
01 //mainwindow.cpp
02 MainWindow::MainWindow(QWidget *parent)
03     : QMainWindow(parent)
04     , ui(new Ui::MainWindow)
05 {   // ……
06     connect(ui->actFind,SIGNAL(triggered()),this,SLOT(actFilter_triggered()));
07 }
08 void MainWindow::actFilter_triggered()
09 {// 在 UITableView 中按学号查找
10     // 定位当前位置
11     QModelIndex selIdx=ui->tbV_data->currentIndex();
12     //   QModelIndex nextIndex=selIdx;
13     int tablesize=m_ptabModel->rowCount();
14 
15     for(int i=0;i<tablesize;i++)
16     {
17         QSqlRecord currRecord=m_ptabModel->record(selIdx.row());
18         qint64 id=currRecord.value("EduID").toInt();
19         if(id==ui->cbBox_EduIDList->currentText().toInt())
20         {
21             m_pSelection->clear();
22             m_pSelection->setCurrentIndex(selIdx,QItemSelectionModel::Select);
23             break;
24         }
25         if(selIdx.row()<tablesize)
```

```
            selIdx=m_ptabModel->index(selIdx.row()+1,0);
        else
            selIdx=m_ptabModel->index(0,0);
    }
}
```

### 4.3.3 增减学生信息功能

截至目前，例程中对数据进行了筛选和排序，但是尚未进行过编辑或修改。在增减学生信息功能中，将首次对数据本身进行修改。

#### 4.3.3.1 新增学生

新增的学生信息是由用户在“输入区域”中的“增减学生”模块中输入的。为此，首先需要在 mainwindow.h 中声明“actAdd”被触发时的槽函数 actAdd_triggered()。

```
//mainwindow.h
private slots:
    // 增加学生
void actAdd_triggered();
```

然后在下面 MainWindow 类的构造函数中建立“actAdd”和槽函数之间的连接（第 07 行）；之后在槽函数中获取用户输入，并将输入写入 Students 数据表。此功能对应的代码如下：

```
01 //mainwindow.cpp
02 MainWindow::MainWindow(QWidget *parent)
03     : QMainWindow(parent)
04     , ui(new Ui::MainWindow)
05 {   // ……
06     // 新增学生
07 connect(ui->actAdd,SIGNAL(triggered()),this,SLOT(actAdd_triggered()));
08 }
09 void MainWindow::actAdd_triggered()
10 {
11     //   获取 UI 中的用户输入
12     QString name=ui->lnEdt_newName->text();
```

```
QString gender=ui->cbBox_genderList->currentText();
qint64 eduId=ui->lnEdt_newStuID->text().toInt();
// 使用 QTableModel 时只能操作单个表格
// 在当前行之前加入一空行
QModelIndex selIndex=ui->tbV_data->currentIndex();
int nRow=selIndex.row();
if(selIndex.row()==-1)// 如果没有选中任何一行
    nRow=0;
m_ptabModel->insertRow(nRow,QModelIndex());
m_pSelection->clearSelection();
m_pSelection->setCurrentIndex(selIndex,QItemSelectionModel::Select);

// 将获取的数据写入模型
m_ptabModel->setData(m_ptabModel->index(selIndex.row(),0),eduId);
m_ptabModel->setData(m_ptabModel->index(selIndex.row(),1),name);
m_ptabModel->setData(m_ptabModel->index(selIndex.row(),2),gender);
}
```

在具体写入数据时，首先需要得到当前被选定的行，在当前行之前插入一空行；如果当前没有行被选定，则在第一行之前插入一行；接着将插入的新行作为选定行；最后将获取的用户输入写入模型。

需要注意的是，新增的学生数据只是暂时提交到对应着 Students 二维表的数据模型中，并没有真正写入二维表中。如图 4–14 所示，新增的学生这一行将出现一个“*”。只有调用 submitAll() 函数，挂起的更改才会被提交；反之如果调用 revertAll() 函数，则挂起的更改会被丢弃。本例中的“actSave”和“actUndo”正是用于对应这两种操作的。

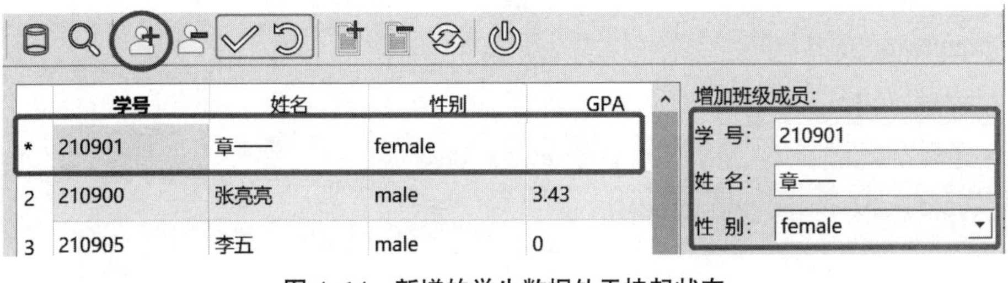


**图 4–14　新增的学生数据处于挂起状态**

接着在 mainwindow.h 中声明“actSave”和“actUndo”被触发时的槽函数。如下面第 03 和 04 行。

```
//mainwindow.h
private slots:
    void actSave_triggered();// 保存修改，对应提交
    void actUndo_triggered();// 放弃修改，恢复原状
```

然后在 MainWindow 类的构造函数中建立“actSave”和“actUndo”与它们的槽函数之间的连接；之后在槽函数中实现提交修改和放弃修改功能。提交修改时，使用 submitAll() 函数提交；放弃修改时，则使用 revertAll() 函数。

```
void MainWindow::actSave_triggered()
{// 保存修改
        if(!(m_ptabModel->submitAll())){// 提交不成功则提示
         QMessageBox::information(this,"!","Save Error!\n"+
         m_ptabModel->lastError().text(),QMessageBox::Ok,QMessageBox::NoButton);
        }
}
void MainWindow::actUndo_triggered()
{// 放弃修改
    m_ptabModel->revertAll();
}
```

#### 4.3.3.2 删除学生

类似地，删除某个学生时，学生的信息也是由用户在“输入区域”中的“增减学生”模块中输入的。为此也需要声明“actRemove”被触发时的槽函数，如下面 mainwindow.h 中的第 04 行。

```
01 //mainwindow.h
02 private slots:
03     // 删除学生
04     void actRemove_triggered();
```

然后在下面 MainWindow 类的构造函数中建立“actRemove”和槽函数之间的连接（第 06 行），之后在槽函数中删除学生记录。此功能对应的代码如下：

```
//mainwindow.cpp
MainWindow::MainWindow(QWidget *parent)
    : QMainWindow(parent)
    , ui(new Ui::MainWindow)
{   // ……
    connect(ui->actRemove,SIGNAL(triggered()),this,SLOT(actRemove_triggered()));
 }
void MainWindow::actRemove_triggered()
{
    flg_removeStu=true;
    QModelIndex selIndex= ui->tbV_data->currentIndex();// 获取当前模型索引
    m_ptabModel->removeRow(selIndex.row());// 删除一行
}
```

但是，与“增加学生”不同，“删除学生”时，不仅要在当前的 QTableModel 中删除该学生的记录，还需要到数据库后台中删除该学生所有的选课记录。并且，后台数据库记录一旦被删除，就会彻底改变数据表。因此，我们希望在用户触发“actRemove”并触发“actSave”时，才彻底在 Students 表格和 Selected 表格中删除该学生相关的所有记录。为此，如下面 mainwindow.h 中的第 04 行，我们在 MainWindow 类中增加了一个私有成员函数 deleteStuSelected()，用于既删除 Students 二维表中该学生的信息记录，又删除 Selected 表格中该学生的选课记录。只有在触发了“actRemove”后再触发“actSave”时，deleteStuSelected () 函数才会被调用。

```
01 //mainwindow.h
02 private:
03     // 在两个二维表中删除学生相关信息
04      void deleteStuSelected();
05      bool flg_removeStu=false;//true: 删除学生信息，false: 增加学生
```

在 mainwindow.cpp 中，actSave_triggered() 函数的实现代码如下：

```
void MainWindow::actSave_triggered()
{
    if(!flg_removeStu)// 如果是增加学生并保存
    {
        if(!(m_ptabModel->submitAll())){
            QMessageBox::information(this,"!","Save Error!\n"+
            m_ptabModel->lastError().text(),QMessageBox::Ok,QMessageBox::NoButton);
        }
    }

    else if(flg_removeStu)// 如果是删除学生并保存
    {
        deleteStuSelected();// 多表删除
        flg_removeStu=false;// 切换至非删除状态
    }
}
```

在 deleteStuSelected() 函数中需要同时删除两张二维表的学生记录，但是 QSqlTableModel 不能进行多表查询，只能查一张表，因此使用 QSqlQuery 将会更加方便。QSqlQuery 封装了创建、导航和检索数据所涉及的功能。QSqlQuery 通过 SQL 语言可以执行 DML（数据操作语言）语句（如 SELECT、INSERT、UPDATE 和 DELETE）以及 DDL（数据定义语言）语句（如 CREATETABLE），还可以用于执行非标准 SQL 的特定于数据库的命令。

下面代码中 deleteStuSelected() 函数的实现思想为：首先在当前的 QTableModel 数据模型中获取用户欲删除的学生记录（第 03 至 06 行），并从中获取学生的唯一标识——学号（第 07 行）；以学生学号为依据删除 Students 表格中的该学生（第 09 至 19 行），以学号为依据删除 Selected 表格中该学生的所有选课记录（第 21 至 31 行）。该函数代码如下：

```
01 void MainWindow::deleteStuSelected()
02 {
03     QModelIndex selIndex= ui->tbV_data->currentIndex();// 获取当前模型索引
```

```
    QSqlRecord curRecord=m_ptabModel->record(selIndex.row());// 这一行的记录
    if(curRecord.isEmpty())
        return;
    qint64 eduId=curRecord.value("EduID").toInt();

    QSqlQuery query;
    // 删除 Students 表格中的某个学生
    query.prepare("DELETE from Students WHERE EduID= :ID");
    query.bindValue(":ID",eduId);
    if(!query.exec())
    {
        QMessageBox::critical(this,"Error!","Delete Students record error!\n"
            +query.lastError().text(),QMessageBox::Ok,QMessageBox::NoButton);
    }
    else
        query.exec();

    // 对应的 Selected 表格中的该学生的选课记录也应该被删除
    query.prepare("DELETE from Selected WHERE EduID= :ID");
    query.bindValue(":ID",eduId);
    if(!query.exec())
    {
        QMessageBox::critical(this,"Error!","Delete Selected record error!\n"
              +query.lastError().text(),QMessageBox::Ok,QMessageBox::NoButton);
    }
    else
        query.exec();
}
```

使用 QSqlQuery 类时，首先使用 prepare() 函数准备好的 SQL 查询语句，这里也可以使用占位符传入参数，这需要通过 bindValue() 方法进行。最后通过 exec() 方法执行 SQL 查询即可。

### 4.3.4 增减成绩信息功能

#### 4.3.4.1 已有成绩查询及显示

在增减学生成绩之前，本例中需要将已有学生的信息和课程信息作为数据显示在 UI 中（见图 4–15）。这样用户可以通过下拉框选择学号，系统自动显示姓名；用户通过下拉框选择课程名称，系统自动显示课程编号。用户选定学号和课程后，可以自动查询该生在这门课程上取得的成绩；如果没有成绩，则显示“NoRecord”。

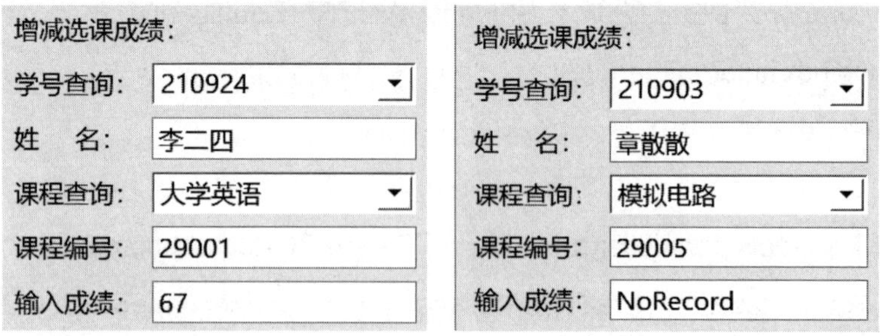


**图 4–15 学生成绩的显示**

实现查询的和显示的思路如下：

---

如果刚打开数据库，则在 actOpen_triggered() 函数增加：

- 通过 importNames() 自定义函数将姓名信息导入 UI;
- 通过 importCourses() 自定义函数将课程信息导入 UI。

在 MainWindow 类的构造函数中增加：

- 调用 connect 函数，实现 UI 中下拉框选项改变信号及其槽函数 cbBox_EduIDListChange(int) 和 cbBox_courseListChange(int) 的连接。

---

importNames() 函数的实现：

- 实例化 QSqlQueryModel，用于多表查询和显示；
- 通过 SQL 语句设置数据模型为“Students”二维表；
- 将 QSqlQueryModel 实例设置为 UI 组件“姓名下拉框”的数据模型；
- 通过 cbBox_EduIDListChange(0) 选择数据模型中的第一条记录并查询对应的学生姓名。

---

importCourses() 函数的实现：

- 实例化 QSqlQueryModel，用于多表查询和显示；
- 通过 SQL 语句设置数据模型为“Courses”二维表；
- 将 QSqlQueryModel 实例设置为 UI 组件“课程下拉框”的数据模型；
- 通过 cbBox_courseListChange(0) 选择数据模型中的第一条记录并查询对应的课程 ID。

---

上述思路的实现如下，mainwindow.h 中主要完成成员函数的声明（第 03 和 04 行）和槽函数（第 07 和 08 行）的声明。

```
// 在 mainwindow.h 中
private:
    void importCourses();// 自定义函数导入课程信息到 UI
    void importNames();// 自定义函数导入学号到 UI
private slots:
     // 下拉框
    void cbBox_courseListChange(int);
    void cbBox_EduIDListChange(int);
```

下面的 mainwindow.cpp 中主要完成信号与槽函数的连接（第 07 至 10 行）、importCourses() 成员函数的实现（第 17 和 30 行）和 importNames() 成员函数（第 31 和 45 行）的实现。

```
01 // 在 mainwindow.cpp 中
02 MainWindow::MainWindow(QWidget *parent)
03     : QMainWindow(parent)
04     , ui(new Ui::MainWindow)
05 {
06     //UI 中下拉框选项改变
07     connect(ui->cbBox_courseList, SIGNAL(currentIndexChanged(int)), this,
08         SLOT(cbBox_courseListChange(int)));
09     connect(ui->cbBox_EduIDList, SIGNAL(currentIndexChanged(int)), this,
10         SLOT(cbBox_EduIDListChange(int)));
11 }
12 void MainWindow::actOpen_triggered()
13 {// ……
14     importCourses();// 自定义函数导入课程信息到 UI
15     importNames();// 自定义函数导入姓名信息到 UI
16 }
17 void MainWindow::importCourses()// 自定义函数导入课程信息到 UI
18 {
19     QSqlQueryModel *pQueryModel=new QSqlQueryModel;// 用于多表查询和显示
20     pQueryModel->setQuery("SELECT CourseName FROM Courses");
```

```
    if(pQueryModel->lastError().isValid())
    {
        QMessageBox::critical(this,"Error!","Open Courses table error!\n"+
            pQueryModel->lastError().text(),QMessageBox::Ok,QMessageBox::NoButton);
        return;
    }
    ui->cbBox_courseList->setModel(pQueryModel);
    // 根据课程名称课程查询课程 ID 和成绩
    cbBox_courseListChange(0);
}
void MainWindow::importNames()// 自定义函数导入姓名信息到 UI
{
    QSqlQueryModel *pQueryModel=new QSqlQueryModel;// 用于多表查询和显示
    pQueryModel->setQuery("SELECT EduID FROM Students");
    if(pQueryModel->lastError().isValid())
    {
        QMessageBox::critical(this,"Error!","Open Students table error!\n"+
            pQueryModel->lastError().text(),QMessageBox::Ok,QMessageBox::NoButton);
        return;
    }
    ui->cbBox_EduIDList->setModel(pQueryModel);
    //    delete  pQueryModel;
    // 根据学号 ID 查找并显示姓名和成绩
    cbBox_EduIDListChange(0);
}
```

如果用户在“学号查询”点击下拉框，该下拉框将发射 currentIndexChanged（int）消息，则调用 cbBox_EduIDListChange（int）槽函数。如果用户在“课程查询”点击下拉框，该下拉框将发射 currentIndexChanged（int）消息，则调用 cbBox_courseListChange（int）槽函数。这两个槽函数的实现思路如下：

cbBox_courseListChange(int) 函数中：

- 获取用户选择的课程名；
- 新建查询，并准备查询的 SQL 语句；
- 执行查询；
- 提取查询结果的课程 ID，将其显示；
- 重置查询语句，根据课程 ID、学生 ID 准备 SQL 语句；
- 执行成绩查询；
- 将查询结果显示在 UI 中。

cbBox_EduIDListChange (int) 函数中：

- 获取用户选择的学生 ID；
- 新建查询，并准备查询的 SQL 语句；
- 执行查询；
- 提取查询结果的学生姓名，将其显示；
- 重置查询语句，根据课程 ID、学生 ID 准备 SQL 语句；
- 执行成绩查询；
- 将查询结果显示在 UI 中。

接下来我们将上述思路实现为如下代码：

```
void MainWindow::cbBox_courseListChange(int)
{
    // 根据课程名称课程查询课程 ID 和成绩
    QString courseNametmp=ui->cbBox_courseList->currentText();
    QSqlQuery query;
    query.prepare(“SELECT CourseID FROM Courses WHERE
        CourseName=:courseName”);
    query.bindValue(“:courseName”,courseNametmp);
    query.exec();
    query.first();
    QVariant rec=query.value(“CourseID”);
    ui->lnEdt_courseID->setText(rec.toString());
    // 查成绩
    qint64 courseIDQ=ui->lnEdt_courseID->text().toInt();
    qint64 stuIDQ=ui->cbBox_EduIDList->currentText().toInt();
    query.prepare(“SELECT Score FROM Selected WHERE
        CourseID=:courseid and EduID=:eduid”);
    query.bindValue(“:courseid”,courseIDQ);
```

```
    query.bindValue(":eduid",stuIDQ);
    query.exec();
    query.first();
    if(!query.isValid()){
        ui->lnEdt_score->setText("NoRecord");
        return;
    }
    rec=query.value("Score");
    ui->lnEdt_score->setText(rec.toString());
}
void MainWindow::cbBox_EduIDListChange(int)
{
    // 根据学号 ID 查找并显示姓名和成绩
    QString stuID=ui->cbBox_EduIDList->currentText();
    QSqlQuery query;
    query.prepare("SELECT name FROM Students WHERE EduID=:STUID");
    query.bindValue(":STUID",stuID);
    query.exec();
    query.first();
    QVariant rec=query.value("name");
    ui->lnEdt_name->setText(rec.toString());
    // 查成绩
    qint64 courseIDQ=ui->lnEdt_courseID->text().toInt();
    qint64 stuIDQ=ui->cbBox_EduIDList->currentText().toInt();
    query.prepare("SELECT Score FROM Selected WHERE
        CourseID=:courseid and EduID=:eduid");
    query.bindValue(":courseid",courseIDQ);
    query.bindValue(":eduid",stuIDQ);
    query.exec();
    query.first();
    if(!query.isValid()){
        ui->lnEdt_score->setText("NoRecord");
        return;
```

```
    }
    rec=query.value("Score");
    ui->lnEdt_score->setText(rec.toString());
}
```

#### 4.3.4.2　根据用户输入的增加、替换或删除成绩

如图 4–16 所示为 UI 中的增加成绩和删除成绩功能。如果学生没有成绩，输入成绩后可以提交输入的成绩；如果学生已经在课程中有成绩，则在提交后覆盖原有的成绩。在选定学号和课程后，还可以删除这门课的成绩。

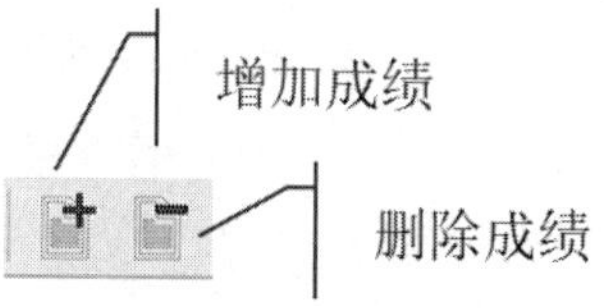


**图 4–16　学生成绩的增删**

这部分功能的实现思路如下：

---

在 MainWindow 的构造函数中：

- 通过 connect 函数将 actAddScore 的触发信号、actRemoveScore 的触发信号与对应的槽函数相连。

---

在 actAddScore_triggered() 中：

- 查询当前学号当前课程的成绩是否存在，
  如果已经有成绩，覆盖原成绩，
  否则新增一条记录，记录学号、课程号、成绩。

---

在 actRemoveScore_triggered 中：

- 删除一条记录，该条记录包含学号、课程号、成绩。

---

为了实现上述功能，首先在 mainwindow.h 中声明两个槽函数（第 03 和 04 行）用于响应增加成绩和删除成绩操作。

```
01 // 在 mainwindow.h 中
02 private slots:
03     void actAddScore_triggered();
04     void actRemoveScore_triggered();
```

在 mainwindow.cpp 中，请自行连接 UI 控件触发和槽函数。下面代码中实现了增加成绩操作函数（第 02 至 37 行）和删除成绩操作函数（第 38 至 53 行）。

```
01 // 在 mainwindow.cpp 中
02 void MainWindow::actAddScore_triggered()
03 {
04     QSqlQuery query;
```

```
//查询是否存在
query.prepare(“SELECT * from  Selected where EduID=:1 and CourseID=:2”);
query.bindValue(“:1”,ui->cbBox_EduIDList->currentText().toInt());
query.bindValue(“:2”,ui->lnEdt_courseID->text().toInt());
if(!query.exec())
{
   QMessageBox::critical(this,”Error!”,”retrieve  record error!\n”
         +query.lastError().text(),QMessageBox::Ok,QMessageBox::NoButton);
}
query.first();

if(query.isValid())// 已经有成绩，覆盖
{
   qDebug()<<”Score existed “;
   query.prepare(“UPDATE Selected SET Score=:1 WHERE EduID=:2 and
                    CourseID=:3”);
   query.bindValue(“:2”,ui->cbBox_EduIDList->currentText().toInt());
   query.bindValue(“:3”,ui->lnEdt_courseID->text().toInt());
   query.bindValue(“:1”,ui->lnEdt_score->text().toFloat());
}
else// 向 Selected 表格中的增该学生的选课成绩
{  qDebug()<<”Score unexisted “;
   query.prepare(“INSERT  INTO  Selected VALUES(:1,:2,:3)”);
   query.bindValue(“:1”,ui->cbBox_EduIDList->currentText().toInt());
   query.bindValue(“:2”,ui->lnEdt_courseID->text().toInt());
   query.bindValue(“:3”,ui->lnEdt_score->text().toFloat());
}
if(!query.exec())
{
   QMessageBox::critical(this,”Error!”,”Update or Insert  record error!\n”
        +query.lastError().text(),QMessageBox::Ok,QMessageBox::NoButton);
}
}
```

```
void MainWindow::actRemoveScore_triggered()
{
    QSqlQuery querydel;
    querydel.prepare("DELETE FROM Selected WHERE EduID=:1 AND CourseID=:2
                     AND  Score=:3");
    querydel.bindValue(":1",ui->cbBox_EduIDList->currentText().toInt());
    querydel.bindValue(":2",ui->lnEdt_courseID->text().toInt());
    querydel.bindValue(":3",ui->lnEdt_score->text().toFloat());
    if(!querydel.exec())
    {
      QMessageBox::critical(this,"Error!","Delete  record error!\n" +
                            querydel.lastError().text(),
                            QMessageBox::Ok,QMessageBox::NoButton);
    }
    else
      querydel.exec();
}
```

### 4.3.5 “绩点”刷新

在本实例的最后，还需要根据目前学生的选课和成绩情况重新计算绩点，并将其更新显示在 QTableView 中。因此，需要通过 connect 函数将 actRefresh 的触发信号与对应的槽函数 actRefresh_triggered 相连。亦即在 MainWindow 类的构造函数中增加：

```
connect(ui->actRefresh,SIGNAL(triggered()),this,SLOT(actRefresh_triggered()));
```

actRefresh_triggered() 函数的实现应包括以下几个步骤：

（1）多表查询 Selected 二维表和 Courses 二维表从而得到学生的 ID、学生的选课 ID、学生的成绩、课程的学分。

（2）接着进行分数的区间映射。规则为：如果 90 分以上，积分 4；如果 80 分以上，积分 3；如果 70 分以上，积分 2；如果 60 分以上，积分 1；如果 60 分以下，积分 0。

（3）按照学生 ID 的不同计算学生绩点，绩点的计算方式为将该生所有课程的积分做平均计算。

（4）将学生的计算更新至 Students 二维表。

（5）更新 QTableModel 对应的数据视图。

上面思路对应的代码如下：

```
void MainWindow::actRefresh_triggered()
{// 刷新数据库中的 GPA-- 遍历且计算
   QSqlQuery query;

   // 首先进行多表查询 ”
   query.prepare("create table temp1 as  SELECT\
            Selected.EduID,Selected.CourseID,Selected.Score,Courses.Credit \
             FROM Selected,Courses ON Selected.CourseID=Courses.CourseID");

   if(!query.exec())
   {
        QMessageBox::critical(this,"Error!","S1  error!\n"
        +query.lastError().text(),QMessageBox::Ok,QMessageBox::NoButton);
}
   // 区间映射
   query.prepare( "create table temp2 as SELECT *,\
               case when temp1.Score between 0 and 60 then 0\
               when temp1.Score between 60 and 70 then 1\
               when temp1.Score between 70 and 80 then 2\
               when temp1.Score between 80 and 90 then 3\
               when temp1.Score between 90 and 100 then 4  end\
               AS sgpa FROM temp1 ");

   if(!query.exec())
   {
      QMessageBox::critical(this,"Error!","S2 error!\n"
      +query.lastError().text(),QMessageBox::Ok,QMessageBox::NoButton);
   }

   // 计算绩点
   query.prepare( " create table temp3 as \
```

```
            select EduID,CourseID,ROUND(AVG(sgpa),2) as GPA \
                from temp2  group by EduID");

    if(!query.exec())
    {
        QMessageBox::critical(this,"Error!","S3  error!\n"
        +query.lastError().text(),QMessageBox::Ok,QMessageBox::NoButton);
    }

    // 将绩点更新至 students 表格
    query.prepare( "update Students \
        set GPA= (select GPA from temp3 where temp3.EduID=Students.EduID)\
       where EduID in (select EduID from temp3);");
    if(!query.exec())
    {
    QMessageBox::critical(this,"Error!","S4 error!\n"
+query.lastError().text(),QMessageBox::Ok,QMessageBox::NoButton);
    }

    // 删除中间表格
    query.prepare("DROP TABLE temp1;");
    if(!query.exec())
    {
    QMessageBox::critical(this,"Error!","S51 error!\n"
+query.lastError().text(),QMessageBox::Ok,QMessageBox::NoButton);
    }
    query.prepare("DROP TABLE temp2;");
    if(!query.exec())
    {
         QMessageBox::critical(this,"Error!","S52 error!\n"
+query.lastError().text(),QMessageBox::Ok,QMessageBox::NoButton);
    }
    query.prepare("DROP TABLE temp3;");
```

```
    if(!query.exec())
    {
    QMessageBox::critical(this,"Error!","S53 error!\n"
+query.lastError().text(),QMessageBox::Ok,QMessageBox::NoButton);
    }

   // 强制更新视图
    m_ptabModel->setFilter("");
}
```

至此，“绩点”计算器的所有功能都实现了。

## 4.4 思考与练习

1. 什么是关系数据库？其主要特点是什么？
2. 什么是非关系型数据库？常用的非关系型数据库有哪些？适用于什么样的应用？
3. 完成本章中的“绩点计算器”项目，思考该项目还有哪些可以优化的地方。

# 第 5 章　图形图像编辑器

**本章学习目标**

- 了解 Qt 开发框架中图形图像的绘制、存储、操作、显示等相关的功能和使用。
- 通过实例，掌握系统设计和系统实现的流程。
- 掌握基本图形的绘制和随手画功能的实现，掌握画笔、画刷设置。
- 掌握图像的保存和打开。
- 掌握图像处理功能的实现。

本章通过设计一款“MyPicture”应用程序熟悉 Qt 图形图像操作。本程序除了具备 Windows 系统画图板中的核心功能外，还希望能够对用户已有的图像进行旋转、滤镜等处理操作。本章将首先介绍 Qt 绘图和图像处理中的常见类，然后按照逐渐增加功能的方式向读者介绍“MyPicture”应用程序的设计与实现。

## 5.1　图形图像操作

为了操作图形图像，首先要获得或绘制源图像数据，对源图像数据进行处理，将结果保存并显示。因此可以从三个角度去认识 Qt 的图形图像操作：一是图形图像的绘制，二是图像的存储和操作，三是图像的显示。

首先，如果只需要绘制图形，可以使用 QGraphicsScene 和 QGraphicsView 类。QGraphicsScene 类用于在场景中操作大量的 2D 图形元素，这个类是作为一个 QGraphicsItems 的容器存在的，它是连同 QGraphicsView 用于可视化的二维表面的图形项目，如直线、矩形、文本甚至定制物品；还可以有效地确定元素在场景中的位置以及控制元素的显示区域及方式。

还可以通过绘图设备进行绘制。绘图设备是指继承自 QPainterDevice 的子类。Qt 一共提供了四个这样的类，分别是 QPixmap、QBitmap、QImage 和 QPicture。

图像显示多使用 QPixmap 类，该类专门为图像在屏幕上的显示做了优化。Qt 可显示的图像类型很多，可以直接读取并显示的格式有 BMP、GIF、JPG、JPEG、PNG、TIFF、PBM、PGM、PPM、XBM、XPM。QBitmap 是 QPixmap 的一个子类，它的颜色深度限定为 1，使用 QPixmap 的 isQBitmap() 函数可以判断当前的 QPixmap 是不是 QBitmap。当我们想要在屏幕上绘制图像时，最快的方法就是使用 QPixmap，不过这样绘制的图像无法访问和修改像素。QPixmap 对象也可以被流化。

Qt 中的 QImage 类封装了对于一般图像像素级的操作，如图像缩放、转换、镜像等接口功能。QImage 类之所以可以进行像素级的操作，是因为其使用独立于硬件的绘制系统，实际上是自己绘制自己，并且能够在不同系统之中提供一致的显示。

而 QPicture 是与平台无关的，因此可以使用在多种设备上，比如 svg、pdf、ps、打印机或者屏幕。QPicture 可以记录和重现 QPainter 的各条命令。如果要记录下 QPainter 的命令，首先要使用 QPainter::begin() 函数，将 QPicture 实例作为参数传递进去，以便告诉系统开始记录，记录完毕后使用 QPainter::end() 命令终止。如果要重现命令，要使用 QPicture::load() 函数进行装载。

Qt 的图像绘制主要基于 QPainter、QPaintDevice 和 QPaintEngine 类。其中，QPainter 用来执行绘图操作；QPaintDevice 提供绘图设备，它是一个二维空间的抽象，可以使用 QPainter 在其上进行绘制；QPaintEngine 提供了一些接口，可以用于 QPainter 在不同的设备上进行绘制。QPainter 一般在一个部件的重绘事件（Paint Event）的处理函数 paintEvent() 中进行绘制，首先要创建 QPainter 对象，然后进行图形的绘制，最后销毁 QPainter 对象。

QPainter 绘图往往会用到 QPen、QBrush 等。画笔用来画线和边缘，包含颜色、宽度、线性、拐点风格以及连线风格。画刷用来填充几何图形的图案，一般由颜色和风格组成，但同时也可以是纹理（一个不断重复的图像）或者是一个渐变。QPainter 和 QFont 配合起来也可以绘制字体。字体有很多属性，包括字体族和磅值大小等。

## 5.2 “MyPicture”系统设计

基于上面的介绍，本例在设计“MyPicture”应用程序时将基于 QImage 类进行。本节将对“MyPicture”程序进行整体的功能分析和 UI 设计。

### 5.2.1 功能描述

“MyPicture”桌面程序应至少包含 windows 下画图板的几大功能：文件处理功能、

基本图形绘制功能、移动当前图形功能、画笔选择功能、填充选择功能、撤销功能，并增加图像处理功能以及提供帮助及信息等。“MyPicture”的功能需求如图 5–1 所示。

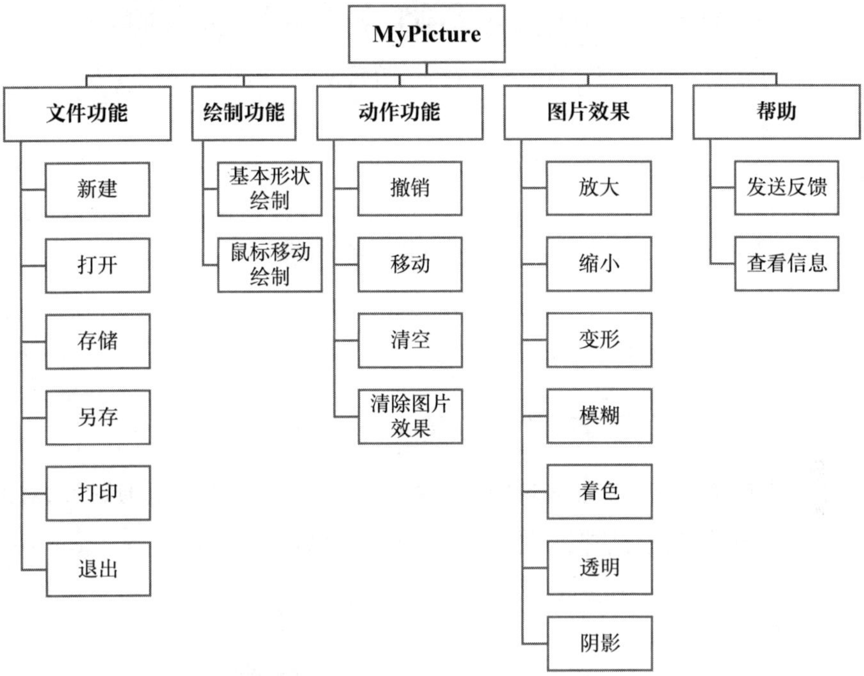


**图 5–1　“MyPicture”功能需求**

（1）文件功能包括新建文件、打开已有文件、保存编辑后的文件、将修改过的文件另存、打印、退出程序。

（2）绘制功能主要指能够绘制直线、矩形、圆形等基本图形，且能够实现随鼠标移动绘制。

（3）动作功能包括针对图像绘制过程中可能的动作设计：撤销、移动、清空画布。

（4）图片效果包含几种图像处理效果，如变形、模糊、着色、透明化等。

（5）帮助菜单中包括向开发者发送反馈及“MyPicture”的相关信息。

### 5.2.2　主窗口设计

根据上面的功能需求，本节将“MyPicture”的整体界面设定为三部分：菜单栏、工具栏和编辑区。其中，菜单栏包括文件菜单、动作菜单、效果菜单、帮助菜单，工具栏包含图形工具条、轮廓、填充设置工具条以及动作工具条，如图 5–2 所示。

“MyPicture”各一级菜单设定如下：

（1）文件子菜单包括新建、打开、保存、另存、打印、退出。

（2）动作菜单包括撤销、移动、清空、清除图片效果（恢复到原图）。

（3）效果菜单包括放大、缩小、变形、模糊、着色、透明化、阴影效果。

（4）帮助菜单包括发送反馈、关于“MyPicture”。

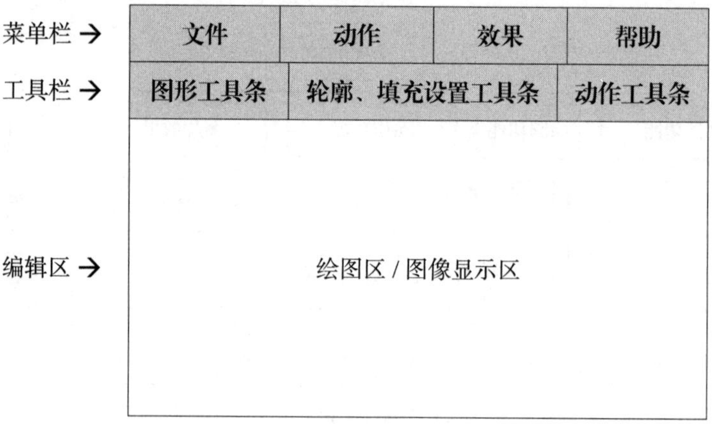


图 5-2 “MyPicture”外观设计

在轮廓、填充设置工具条的实现中，本例希望为用户提供输入和选择的对话框（见图 5-3）。一个是画笔设置对话框，另一个是画刷设置对话框。

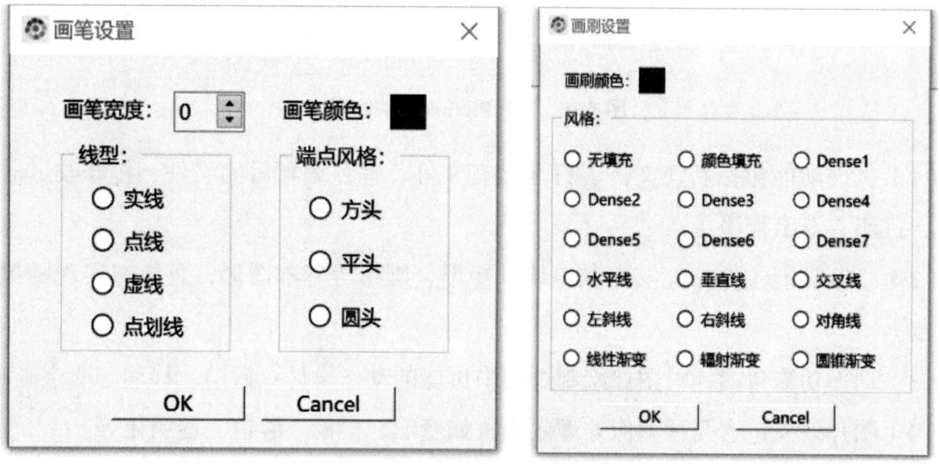


图 5-3 画笔设置对话框和画刷设置对话框

## 5.3 “MyPicture”的实现

### 5.3.1 主窗口的 UI 实现

为了实现图 5-2、图 5-3 所示的界面，需要按照如下思路进行程序编写。

1. 在项目中增加资源文件，并建立 qrc 文件管理所有资源；
2. 在 mainwidow.h 中增加使用到的控件头文件；
3. 在 mainwidow.h 中增加新的数据成员，用于表示各菜单、子菜单、工具栏指针等；
4. 在 mianwindow.h 中增加新的成员函数 setupActions() 用于建立 QActions，新增 setupMenus() 用于封装 UI 界面的初始化操作；
5. 在 mianwindow.cpp 中实现 setupActions()；
6. 在 mianwindow.cpp 中实现 setupMenus()；
7. 在 mainwindow 的构造函数中调用 setupActions、setupMenus()，并初始化画布；
8. 增加画笔设置对话框和画刷设置对话框类，在画笔设置对话框和画刷设置对话框类中增加 UI 元素；
9. 初始化画笔设置对话框和画刷设置对话框类；
10. 在 mainwindow 中实例化画笔设置对话框和画刷设置对话框类，并且点击工具条弹出相应的对话框。

#### 5.3.1.1　资源文件导入及管理

本例中需要导入的资源文件包括桌面应用程序的图标文件，以及用于菜单栏和工具条的图示文件，如图 5–4 所示。

**图 5–4　“MyPicture”中使用的图片资源**

在工程名右键选择 New | Qt |Qt Resource File，点击 Choose…，在 Location 的 File Name 文本框中填写资源文件名为“images”；之后在左侧的项目视图中 Resources 文件夹下右键点击“images.qrc”，选择 Open in Editor。然后增加前缀 /new/prefix1，并在该前缀下增加所有图像文件，并对应设置别名，如图 5–5 所示。图中图像文件名后的括号里为图像资源的别名。

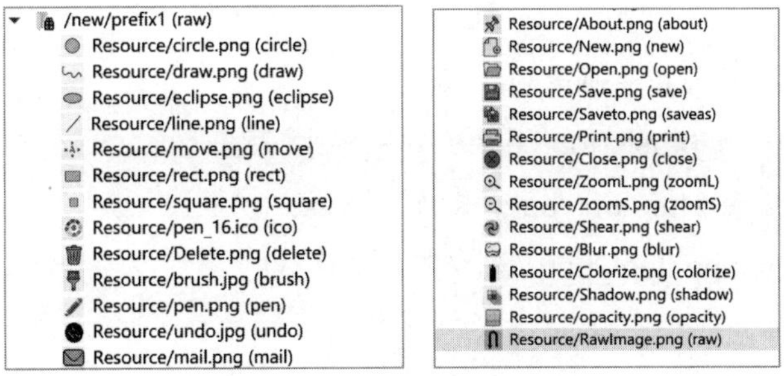


**图 5–5　“MyPicture”中图片的别名**

#### 5.3.1.2 增加头文件

本例中用到了菜单、菜单栏、工具条、图标、文本等，因此需要包含 <QMenu> <QMenuBar> <QTextEdit> <QTextEdit> <QTextEdit>；我们还希望菜单栏和工具条功能同步，因此还需要使用 QAction 类。需包含的头文件如下面第 06 至 11 行所示。

```
01 #ifndef MAINWINDOW_H
02 #define MAINWINDOW_H
03
04 #include <QMainWindow>
05 //UI
06 #include <QMenu> // 菜单
07 #include <QMenuBar>// 菜单栏
08 #include <QTextEdit>// 文本
09 #include <QTextEdit>// 图标
10 #include <QTextEdit>// 工具条
11 #include <QAction>//QAction
```

#### 5.3.1.3 增加数据成员

按照下面的代码，继续在 mianwindow.h 中增加私有数据成员，包括四个主菜单的指针（第 03 至 06 行）、工具条指针（第 09 至 11 行）、子菜单和工具条相应的 QAction（第 13 至 50 行）。

```
01 private:
02     // 四个主菜单
03     QMenu *file_menu;// 文件菜单
04     QMenu *operator_menu;// 动作菜单
05     QMenu *effects_menu;// 效果菜单
06     QMenu *help_menu;// 帮助菜单
07
08     // 工具条主要用于设置画笔和画刷
09     QToolBar *pen_brush_tool_bar;// 画笔画刷工具条
10     QToolBar *operator_tool_bar;// 动作工具条
11     QToolBar *shape_tool_bar;// 形状工具条
12
13     //Action 响应 file_menu
```

```
QAction *new_act;// 新建
QAction *open_act;// 打开
QAction *save_act;// 存储
QAction *saveAs_act;// 另存
QAction *print_act;// 打印
QAction *exit_act;// 退出

//Action 响应 operator_menu
QAction *undo_act;// 撤销
QAction *move_act;// 移动
QAction *delete_act;// 删除形状

//Action 响应轮廓设置和填充设置
QAction *pen_act;// 线
QAction *brush_act;// 填充

//Action 响应 effects_menu
QAction *scaleL_act;// 放大
QAction *scaleS_act ;// 缩小
QAction *shear_act ;// 变形
QAction *blur_act ; // 模糊
QAction *colorize_act; // 着色
QAction *opacity_act; // 透明
QAction *shadow_act ; // 阴影
 QAction *raw_act ; // 原图

//Action 响应 shapeToolBar
QAction *line_act;// 线
QAction *rect_act;// 矩形
QAction *circle_act;// 圆形
QAction *ellipse_act;// 椭圆
QAction *square_act;// 正方形
QAction *draw_act;// 随手画
```

```

//Action 响应 help_menu
QAction *mail_act;// 发送反馈
QAction *about_act;// 关于
```

### 5.3.1.4 声明成员函数 setupMenus() 和 setupActions()

为了代码的可读性和复用性，本例中将界面建立的过程抽象为一个公有成员函数 setupMenus()。将可能触发的行为定义在公有成员函数 setupActions() 中。因此这里需要在 mianwindow.h 中声明如下公有成员函数。

```
public:
    setupActions();// 建立 Actions
    setupMenus();// 建立界面
```

### 5.3.1.5 实现 setupActions()

在 mianwindow.h 中声明的 setupActions () 函数需要在 mianwindow.cpp 中进行定义和实现。在函数体内定义所有的 QAction 响应，以便后面建立菜单和工具栏。响应 file_menu 的 QAction 实例化见下面代码中的第 02 至 13 行，响应 edit_menu 的 QAction 实例化见下面代码中的第 16 至 27 行，响应 format_menu 的 QAction 实例化见下面代码中的 30 和 31 行，响应 help_menu 的 QAction 实例化见下面代码中的第 34 和 35 行。

```
01 //Action 响应 file_menu
02   new_act = new QAction(QIcon(tr(“:/new/prefix1/new”)),tr(“ 新建 (&N)”),this);
03   new_act->setShortcut(QKeySequence::New);
04   open_act = new QAction(QIcon(tr(“:/new/prefix1/open”)),tr(“ 打开 (&O)”),this);
05   open_act->setShortcut(QKeySequence::Open);
06   save_act = new QAction(QIcon(tr(“:/new/prefix1/save”)),tr(“ 保存 (&S)”),this);
07   save_act->setShortcut(QKeySequence::Save);
08   saveAs_act = new QAction(QIcon(tr(“:/new/prefix1/saveto”)),tr(“ 另存为
     (&A)”),this);
09   saveAs_act->setShortcut(QKeySequence::SaveAs);
10   print_act = new QAction(QIcon(tr(“:/new/prefix1/print”)),tr(“ 打印 (&P)”),this);
11   print_act->setShortcut(QKeySequence::Print);
```

```
exit_act = new QAction(QIcon(tr(":/new/prefix1/close")),tr(" 退出 (&X)"),this);
exit_act->setShortcut(QKeySequence::Quit);

//Action 响应 edit_menu
cut_act =new QAction(QIcon(tr(":/new/prefix1/cut")),tr(" 剪切 "),this);
cut_act->setShortcut(QKeySequence::Cut);
copy_act  =new QAction(QIcon(tr(":/new/prefix1/copy")),tr(" 拷贝 "),this);
copy_act->setShortcut(QKeySequence::Copy);
paste_act =new QAction(QIcon(tr(":/new/prefix1/paste")),tr(" 粘贴 "),this);
paste_act->setShortcut(QKeySequence::Paste);
delete_act=new QAction(QIcon(tr(":/new/prefix1/delete")),tr(" 删除 "),this);
delete_act->setShortcut(QKeySequence::Delete);
find_act = new QAction(QIcon(tr(":/new/prefix1/find")),tr(" 查找 "),this);
find_act->setShortcut(QKeySequence::Find);
replace_act = new QAction(QIcon(tr(":/new/prefix1/replace")),tr(" 替换 "),this);
replace_act->setShortcut(QKeySequence::Replace);

//Action 响应 format_menu
font_act=new QAction(QIcon(tr(":/new/prefix1/font")),tr(" 字体 "),this);
endl_act=new QAction(QIcon(tr(":/new/prefix1/endl")),tr(" 自动换行 "),this);

//Action 响应 help_menu
mail_act = new QAction(QIcon(tr(":/new/prefix1/mail")),tr(" 发送反馈 "),this);
about_act = new QAction(QIcon(tr(":/new/prefix1/about")),tr(" 关于 "),this);
```

#### 5.3.1.6　实现 setupMenus()

在 mianwindow.h 中声明的 setupMenus() 函数需要在 mianwindow.cpp 中进行定义和实现。首先在函数体中建立菜单（如下面第 04 至 07 行），文件菜单及其子菜单的建立和属性设置见下面代码的第 09 至 19 行，编辑菜单及其子菜单的建立和属性设置见下面代码的第 21 至 31 行，格式菜单及其子菜单的建立和属性设置见下面代码的第 34 至 38 行，帮助菜单及其子菜单的建立和属性设置见下面代码的第 41 至 45 行，最后建立文件工具栏、编辑工具栏、帮助工具栏（第 47 至 65 行）。

```
void MainWindow::setupMenus()
{
    //实例化菜单
    file_menu = new QMenu(this);// 文件菜单
    edit_menu = new QMenu(this);// 编辑菜单
    format_menu = new QMenu(this);// 编辑菜单
    help_menu = new QMenu(this);// 帮助菜单

    // 文件菜单及其子菜单
    file_menu = menuBar()->addMenu(tr(“ 文件 ”));
    file_menu->setStyleSheet(“color:brown”);
    // 将字体颜色设置为棕色
    file_menu->addAction(new_act);
    file_menu->addAction(open_act);
    file_menu->addAction(save_act);
    file_menu->addAction(saveAs_act);
    file_menu->addAction(print_act);
    file_menu->addSeparator();
    file_menu->addAction(exit_act);

    // 编辑菜单及其子菜单
    edit_menu = menuBar()->addMenu(tr(“ 编辑 ”));
    edit_menu->setStyleSheet(“color:brown”);
    // 将字体颜色设置为棕色
    edit_menu->addAction(cut_act);
    edit_menu->addAction(copy_act);
    edit_menu->addAction(paste_act);
    edit_menu->addAction(delete_act);
    edit_menu->addSeparator();
    edit_menu->addAction(find_act);
    edit_menu->addAction(replace_act);

    // 格式菜单及其子菜单
```

```
format_menu= menuBar()->addMenu(tr(“ 格式 ”));
format_menu->setStyleSheet(“color:brown”);
// 将字体颜色设置为棕色
format_menu->addAction(font_act);
format_menu->addAction(endl_act);

// 帮助菜单及其子菜单
help_menu = menuBar()->addMenu(tr(“ 帮助 ”));
help_menu->setStyleSheet(“color:brown”);
// 将字体颜色设置为棕色
help_menu->addAction(mail_act);
help_menu->addAction(about_act);

// 文件工具栏内包含新建、打开、存储、另存、打印
file_tool_bar = addToolBar(tr(“file”));
file_tool_bar->addAction(new_act);
file_tool_bar->addAction(open_act);
file_tool_bar->addAction(save_act);
file_tool_bar->addAction(saveAs_act);
file_tool_bar->addAction(print_act);
// 编辑工具栏内包含剪切、粘贴、查找、替换等
edit_tool_bar = addToolBar(tr(“edit”));
edit_tool_bar->addAction(cut_act);
edit_tool_bar->addAction(copy_act);
edit_tool_bar->addAction(paste_act);
edit_tool_bar->addAction(delete_act);
edit_tool_bar->addAction(find_act);
edit_tool_bar->addAction(replace_act);
// 帮助工具栏内包含关于、联系
help_tool_bar = addToolBar(tr(“help”));
help_tool_bar->addAction(about_act);
help_tool_bar->addAction(mail_act);
}
```

#### 5.3.1.7 调用 setupActions () 和 setupMenus() 实现界面，同时初始化画布

在 mainwindow 类的构造函数中依次调用 setupActions () 函数和 setupMenus() 函数，同时初始化画布。这样可以保证“MyPictrue”程序被建立时就实现了菜单栏和工具栏的同步，并可以建立完整的显示界面。

```
MainWindow::MainWindow(QWidget *parent)
    : QMainWindow(parent)
    , ui(new Ui::MainWindow)
{
    ui->setupUi(this);
    this->setWindowTitle(“MyPaint”);
    this->setWindowIcon(QIcon(“:/new/prefix1/ico”));

    // 使用 Image 作为画布
   m_image = QImage(this->size(),QImage::Format_RGB32);// 大小和窗口大小一样，32 位
    m_image.fill(Qt::white);// 默认为白色画布

    setupActions();// 建立 Actions
    setupMenus();// 建立界面
    this->menuBar()->setStyleSheet(“background-color:rgb(250,250,250)”);
    pen_brush_tool_bar->setStyleSheet(“background-color:rgb(250,250,250)”);
// 设置工具条
    operator_tool_bar->setStyleSheet(“background-color:rgb(250,250,250)”);
// 画刷工具条
    shape_tool_bar->setStyleSheet(“background-color:rgb(250,250,250)”);
// 形状工具条
}
```

运行上述程序。如果没有语法错误，将会得到如图 5-6 所示的界面显示。此界面完全符合 5.2 节中的界面设计要求。

图 5-6 “MyPicture”运行界面

### 5.3.1.8　增加画笔设置对话框和画刷设置对话框类

在项目视图中，在工程名右键增加 Qt 设计师界面类 PenToolsDlg 类和 BrushToolDlg 类，这两个类均继承自 QDialog 类。在界面设计师中设计这两个对话框，如图 5-3 所示。

PenToolsDlg 类用于画笔设置，如图 5-7 所示。其中的线型布局中的 4 个单选框需要设定在一个组内，如图中的 btnGroup_penStyle；端点风格的 3 个单选框也需要设定在一个组内，如图中的 btnGroup_penPoint。

BrushToolDlg 类用于画刷设置，如图 5-8 所示。其中的风格布局中的 18 个单选框也设定在一个组内。

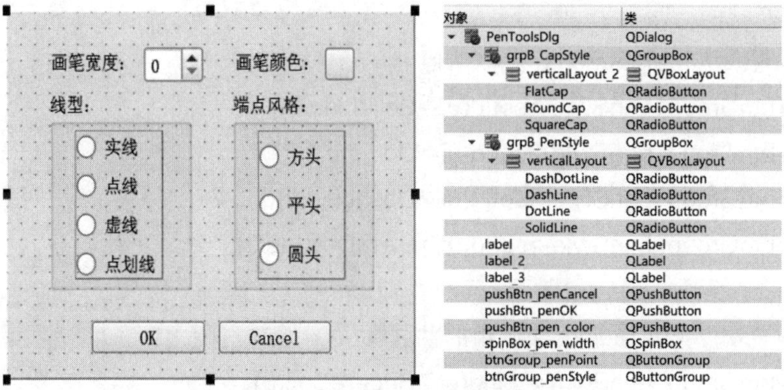


图 5-7　画笔轮廓设置对话框及 ObjectName

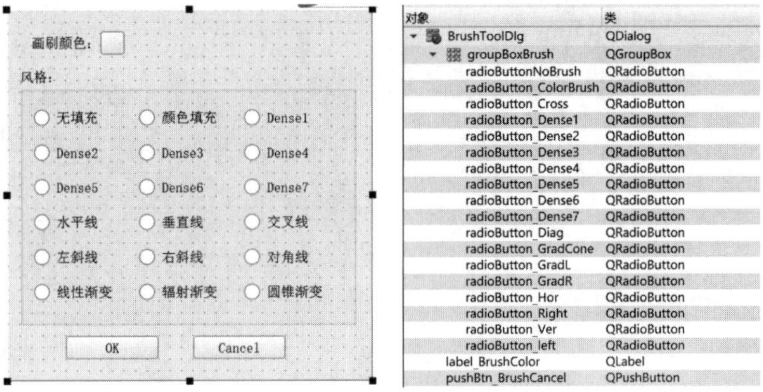


**图 5-8　画刷填充对话框及对应的 ObjectName**

#### 5.3.1.9　初始化画笔设置对话框和画刷设置对话框类

PenToolsDlg 类的初始化工作主要在于对话框标题设置、背景颜色设置、颜色按钮的初始颜色设置、线型单选框组内各单选框的默认值设置以及端点类型单选框组内各单选框的默认值设置。

```
// pentoolsdlg.cpp
PenToolsDlg::PenToolsDlg(QWidget *parent) :
    QDialog(parent),
    ui(new Ui::PenToolsDlg)
{
    ui->setupUi(this);
    this->setWindowTitle(" 画笔设置 ");
    this->setStyleSheet("background:rgb(250,250,250)");
    ui->pushBtn_pen_color->setStyleSheet("background:rgb(0,0,0)");

    // 设置线型 radioButton 组的默认值
    ui->btnGroup_penStyle->setId(ui->SolidLine,0);
    ui->btnGroup_penStyle->setId(ui->DotLine,1);
    ui->btnGroup_penStyle->setId(ui->DashLine,2);
    ui->btnGroup_penStyle->setId(ui->DashDotLine,3);

    // 设置端点类型 radioButton 组的默认值
    ui->btnGroup_penPoint->setId(ui->SquareCap,0);
    ui->btnGroup_penPoint->setId(ui->FlatCap,1);
    ui->btnGroup_penPoint->setId(ui->RoundCap,2);
}
```

BrushToolDlg 类的初始化工作主要在于对话框标题设置、背景颜色设置、颜色按钮的初始颜色设置、填充类型单选框组内各单选框的默认值设置。

```
// brushtooldlg.cpp
BrushToolDlg::BrushToolDlg(QWidget *parent) :
    QDialog(parent),
    ui(new Ui::BrushToolDlg)
{
    ui->setupUi(this);
    this->setWindowTitle(“ 画刷设置 ”);
    this->setStyleSheet(“background:rgb(250,250,250)”);
    ui->pushBtn_BrushColor->setStyleSheet(“background:rgb(0,0,0)”);

    // 设置填充 radioButton 组的默认值
    ui->bG_brushStyle->setId(ui->radioButtonNoBrush,0);
    ui->bG_brushStyle->setId(ui->radioButton_ColorBrush,1);
    ui->bG_brushStyle->setId(ui->radioButton_Dense1,2);
    ui->bG_brushStyle->setId(ui->radioButton_Dense2,3);
    ui->bG_brushStyle->setId(ui->radioButton_Dense3,4);
    ui->bG_brushStyle->setId(ui->radioButton_Dense4,5);
    ui->bG_brushStyle->setId(ui->radioButton_Dense5,6);
    ui->bG_brushStyle->setId(ui->radioButton_Dense6,7);
    ui->bG_brushStyle->setId(ui->radioButton_Dense7,8);
    ui->bG_brushStyle->setId(ui->radioButton_Hor,9);
    ui->bG_brushStyle->setId(ui->radioButton_Ver,10);
    ui->bG_brushStyle->setId(ui->radioButton_Cross,11);
    ui->bG_brushStyle->setId(ui->radioButton_left,12);
    ui->bG_brushStyle->setId(ui->radioButton_Right,13);
    ui->bG_brushStyle->setId(ui->radioButton_Diag,14);
    ui->bG_brushStyle->setId(ui->radioButton_GradL,15);
    ui->bG_brushStyle->setId(ui->radioButton_GradR,16);
    ui->bG_brushStyle->setId(ui->radioButton_GradCone,17);
}
```

#### 5.3.1.10 画笔设置对话框和画刷设置对话框的弹出

为了在主窗口中弹出两个设置对话框，首先需要在 MainWindow 类中声明两个对话框的指针，亦即 PenToolsDlg 类指针 pensetDlg 和 BrushToolDlg 类指针 brushsetDlg。

之后在 MainWindow 类的构造函数中实例化两个对话框，画笔设置对话框 pensetDlg 和画刷设置对话框 brushsetDlg。当用户点击工具栏的画笔或画刷设置图标时，分别调用设置画笔和设置画刷函数来弹出对话框，见下面代码的第 15 和 17 行。因此还需要建立两个槽函数来实现这样的功能（第 19 至 26 行）。相应代码如下：

```
01 //mianwindow.h
02 class MainWindow : public QMainWindow
03 {
04 // ……
05 protected:
06     PenToolsDlg *pensetDlg;
07     BrushToolDlg *brushsetDlg;
08 // ……
09 };
01 //mianwindow.cpp
02 // ……
03 MainWindow::MainWindow(QWidget *parent)
04     : QMainWindow(parent)
05     , ui(new Ui::MainWindow)
06 {
07  // ……
08     pensetDlg=new PenToolsDlg(this);
09     brushsetDlg=new BrushToolDlg(this);
10 }
11 void MainWindow::setupActions()
12 {
13     // ……
14     // 用户点击 pen 设置，调用 penset() 槽函数
15     connect(pen_act,SIGNAL(triggered()),this,SLOT(penset()));
16      // 用户点击 brush 设置，调用 brushset() 槽函数
17     connect(brush_act,SIGNAL(triggered()),this,SLOT(brushset()));
```

```
}
void MainWindow::penset()
{
    pensetDlg->show();// 弹出画笔设置对话框
}
void MainWindow::brushset()
{
    brushsetDlg->show();// 弹出画刷设置对话框
}
```

这时，本例中的 UI 已经全部实现了。运行程序后，可以正确弹出画笔设置对话框和画刷设置对话框，如图 5-9 所示。当然，现在点击两个子对话框的控件还得不到任何结果，本例将在后面逐步补充功能，直至得到一个实用的画图和图片处理工具。

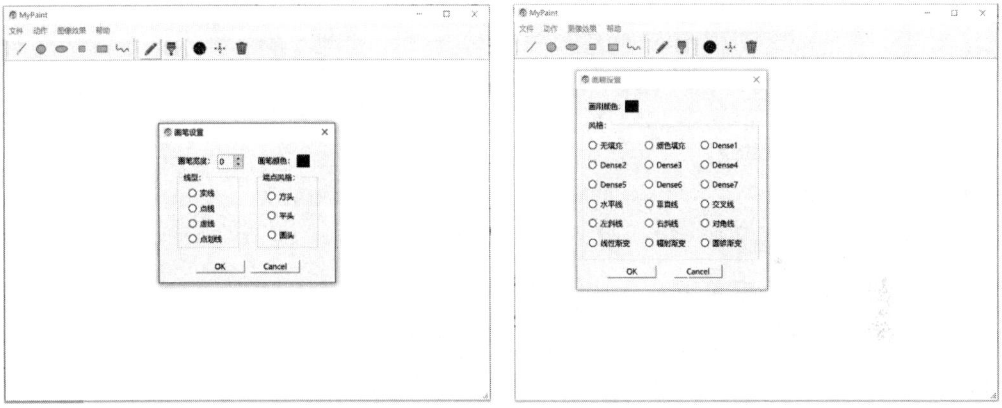

**图 5-9　弹出画笔设置对话框和画刷设置对话框**

## 5.3.2　绘图功能的实现

如果一蹴而就地实现图形绘制，你会发现其中需要理解和思考的内容很多。因此本部分我们将循序渐进地通过两个步骤最终完成图形的绘制。在第一步中，请关注子对话框和主窗口之间的数据交互模式、画笔和画刷的基本使用、在画布上画图的方法等。在第二步中，我们将加大难度，完成鼠标信息的捕获以实现随鼠标移动绘制。之后，我们将进一步实现图形数组的建立，以完成撤销、移动等功能。

### 5.3.2.1　绘制图形

本部分在假设图形位置已经确定的前提下，主要解决以下问题：一是如何通过画笔对话框设置画笔属性，二是如何通过画刷对话框设置画刷属性，三是主窗口如何获得画笔设置和画刷设置，四是如何以获取到的设置作为画笔和画刷参数，在画布上绘图。

**1. 画笔设置**

首先考虑画笔设置对话框。如图 5–9 所示，画笔设置对话框中可能会产生如下操作：

• 点击颜色按钮弹出颜色对话框，待选择颜色后返回被选的颜色。因此需要声明 QColor 类型的数据成员 m_penColor 用以表示获取到颜色，QColorDialog* 类型的数据成员 m_pColorDialog 用于指向颜色对话框。除此之外，还需要一个槽函数 pB_pT_Color_clicked() 用于响应点击颜色按钮的行为。

• 点击“Cancel”按钮则什么也不做，直接关闭对话框。因此需要一个槽函数 pB_pT_Cancel_clicked() 用于响应取消操作。

• 点击“OK”按钮则获取线型风格、端点风格、颜色，并将这些属性传递给主窗口。对于获取属性的操作，需要一个 pB_pT_OK_clicked() 槽函数；为了将属性传递给主窗口，和图 3–6 类似，需要自定义信号 signal_penSetted（QPen），并且点击“OK”后发射信号。

上述数据成员、槽函数、信号等声明的代码如下：

```
//pentooldlg.h
// ……
#include <QPalette>
#include <QPen>
#include <QColor>
#include <QColorDialog>
class PenToolsDlg : public QDialog
{
// ……
// 自定义部分
private:
    QColor m_penColor;// 颜色
    QColorDialog* m_pColorDialog;// 颜色对话框
signals:
    void signal_penSetted(QPen);// 传递宽度、颜色、线型、端点风格
private slots:
    void pB_pT_OK_clicked();//OK 被点击
    void pB_pT_Cancel_clicked();//Cancel 被点击
    void pB_pT_Color_clicked();// 选择颜色被点击
};
```

在下面的 pentooldlg.cpp 中，首先在 PenToolsDlg 类的构造函数中设置控件和颜色对话框的默认属性（第 08 至 25 行），然后连接信号与槽函数（第 28 至 35 行）。

```
01 //pentooldlg.cpp
02 // ……
03 PenToolsDlg::PenToolsDlg(QWidget *parent) :
04     QDialog(parent),
05     ui(new Ui::PenToolsDlg)
06 {
07     ui->setupUi(this);
08     this->setWindowTitle(“ 画笔设置 ”);
09     this->setStyleSheet(“background:rgb(250,250,250)”);
10     ui->pushBtn_pen_color->setStyleSheet(“background:rgb(0,0,0)”);
11
12     // 设置线型 radioButton 组的默认值
13     ui->btnGroup_penStyle->setId(ui->SolidLine,0);
14     ui->btnGroup_penStyle->setId(ui->DotLine,1);
15     ui->btnGroup_penStyle->setId(ui->DashLine,2);
16     ui->btnGroup_penStyle->setId(ui->DashDotLine,3);
17
18     // 设置端点类型 radioButton 组的默认值
19     ui->btnGroup_penPoint->setId(ui->SquareCap,0);
20     ui->btnGroup_penPoint->setId(ui->FlatCap,1);
21     ui->btnGroup_penPoint->setId(ui->RoundCap,2);
22
23     // 实例化颜色对话框
24     m_pColorDialog = new QColorDialog(this);
25     m_penColor=Qt::black; // 默认黑色
26
27     // 点击颜色按钮时，调用 pB_pT_Color_clicked()
28     connect(ui->pushBtn_pen_color,SIGNAL(clicked()),this,
29         SLOT ( pB_pT_Color_clicked()));
30     // 点击取消按钮时，调用 pB_pT_Cancel_clicked()
31     connect(ui->pushBtn_penCancel,SIGNAL(clicked()),this,
```

```
        SLOT ( pB_pT_Cancel_clicked () ));
    // 点击 OK 按钮时，调用 pB_pT_OK_clicked()
    connect(ui->pushBtn_penOK,SIGNAL(clicked()),this,
        SLOT ( pB_pT_OK_clicked()));}

PenToolsDlg::~PenToolsDlg()
{
    delete ui;
}

void PenToolsDlg::pB_pT_OK_clicked()
{
    QPen pen; // 实例化画笔
    // 获取 spinBox 字符串并转换为整数
    int width=ui->spinBox_pen_width->text().toInt();
    pen.setWidth(width); // 设置线宽
    int penStyle= ui->btnGroup_penStyle->checkedId();
    // 返回单选按钮被按下的 ID
    if(penStyle ==0){
      pen.setStyle(Qt::SolidLine);
    }
    if(penStyle ==1){
      pen.setStyle(Qt::DotLine);}
    if(penStyle ==2)   {
      pen.setStyle(Qt::DashLine);
    }
    if(penStyle ==3){
      pen.setStyle(Qt::DashDotLine);
     }

    int penCapStyle= ui->btnGroup_penPoint->checkedId();
    // 返回单选按钮被按下的 ID
    if(penCapStyle==0){
```

```
        pen.setCapStyle(Qt::SquareCap);;
    }
    if(penCapStyle==1){
        pen.setCapStyle(Qt::FlatCap);}
    if(penCapStyle==2){
    pen.setCapStyle(Qt::RoundCap);
    }

    // 设置画笔颜色
    pen.setColor(m_penColor);
    // 发射信号，传递宽度、颜色、线型、端点风格
    emit signal_penSetted(pen);
    accept();// 隐藏对话框、返回结果
}
void PenToolsDlg::pB_pT_Cancel_clicked()
{
    this->close();// 关闭对话框
}

void PenToolsDlg::pB_pT_Color_clicked()
{
    if(m_pColorDialog->exec() == QColorDialog::Accepted )
    {// 弹出颜色选择对话框且用户选择并点击确定
        m_penColor = m_pColorDialog->selectedColor();
        // 得到用户的选择
     }

    // 将按钮颜色设置为选择的颜色
    QPalette pal = ui->pushBtn_pen_color->palette();
    pal.setColor(QPalette::Button,m_penColor);
    ui->pushBtn_pen_color->setPalette(pal);
    ui->pushBtn_pen_color->setAutoFillBackground(true);
    ui->pushBtn_pen_color->setFlat(true);
}
```

在上面 pB_pT_OK_clicked() 槽函数中，获取画笔对话框中的线条宽度和线型，并将获取的值设置为画笔的线宽和线型。在 pB_pT_Color_clicked() 函数中，获取颜色对话框的颜色，将图示按钮的颜色更改为用户选择的颜色，并将获取的颜色设置为画笔颜色。

**2. 画刷设置**

接着考虑画刷设置对话框。画刷设置对话框中可能会产生如下操作：

• 点击颜色按钮弹出颜色对话框，待选择颜色后返回被选的颜色。因此需要声明 QColor 类型的数据成员 m_brushColor 用以表示获取到颜色，QColorDialog* 类型的数据成员 m_bColorDialog 用于指向颜色对话框。除此之外，还需要一个槽函数 pB_bT_Color_clicked() 用于响应点击颜色按钮的行为。

• 点击“Cancel”按钮则什么也不做，直接关闭对话框。因此需要一个槽函数 pB_bT_Cancel_clicked() 用于响应取消操作。

• 点击“OK”按钮则获取填充类型、颜色，并将这些属性传递给主窗口。对于获取属性的操作，需要一个 pB_bT_OK_clicked() 槽函数；和前面类似，为了实现画刷设置对话框和主窗口的信息交互，仍然需要自定义信号 signal_brushSetted（QBrush）。

上述数据成员、槽函数、信号等声明的代码如下：

```
// brushtooldlg.h
#include <QPalette>
#include <QBrush>
#include <QColor>
#include <QColorDialog>
// ……
class BrushToolDlg : public QDialog
{
// ……
    // 自定义部分
private:
        QColor m_brushColor;// 画刷颜色
        QColorDialog* m_bColorDialog;// 画刷颜色选择对话框
signals:
        void signal_brushSetted(QBrush);// 宽度、颜色、线型、端点风格
private slots:
        void pB_bT_OK_clicked();//OK 被点击
```

```
        void pB_bT_Cancel_clicked();//Cancel 被点击
        void pB_bT_Color_clicked();// 颜色选择按钮被点击
};
```

在下面的 brushtooldlg.cpp 中，首先在 BrushToolDlg 类的构造函数中设置控件和颜色对话框的默认属性（第 08 至 35 行），然后连接信号与槽函数（第 36 至 44 行）。

```
01 // brushtooldlg.cpp
02
03 BrushToolDlg::BrushToolDlg(QWidget *parent) :
04     QDialog(parent),
05     ui(new Ui::BrushToolDlg)
06 {
07     ui->setupUi(this);
08     this->setWindowTitle(" 画刷设置 ");// 窗口标题
09     this->setStyleSheet("background:rgb(250,250,250)");// 默认颜色
10   ui->pushBtn_BrushColor->setStyleSheet("background:rgb(0,0,0)");
11     // 颜色选择按钮的初始颜色
12
13     // 设置填充 radioButton 组的默认值
14     ui->bG_brushStyle->setId(ui->radioButtonNoBrush,0);
15     ui->bG_brushStyle->setId(ui->radioButton_ColorBrush,1);
16     ui->bG_brushStyle->setId(ui->radioButton_Dense1,2);
17     ui->bG_brushStyle->setId(ui->radioButton_Dense2,3);
18     ui->bG_brushStyle->setId(ui->radioButton_Dense3,4);
19     ui->bG_brushStyle->setId(ui->radioButton_Dense4,5);
20     ui->bG_brushStyle->setId(ui->radioButton_Dense5,6);
21     ui->bG_brushStyle->setId(ui->radioButton_Dense6,7);
22     ui->bG_brushStyle->setId(ui->radioButton_Dense7,8);
23     ui->bG_brushStyle->setId(ui->radioButton_Hor,9);
24     ui->bG_brushStyle->setId(ui->radioButton_Ver,10);
25     ui->bG_brushStyle->setId(ui->radioButton_Cross,11);
26     ui->bG_brushStyle->setId(ui->radioButton_left,12);
27     ui->bG_brushStyle->setId(ui->radioButton_Right,13);
```

```
    ui->bG_brushStyle->setId(ui->radioButton_Diag,14);
    ui->bG_brushStyle->setId(ui->radioButton_GradL,15);
    ui->bG_brushStyle->setId(ui->radioButton_GradR,16);
    ui->bG_brushStyle->setId(ui->radioButton_GradCone,17);

    // 实例化颜色选择对话框
    m_bColorDialog = new QColorDialog(this);
    m_brushColor=Qt::black;// 默认为黑色
    // 点击颜色选择按钮，调用 pB_bT_Color_clicked()
    connect(ui->pushBtn_BrushColor,SIGNAL(clicked()),this,
       SLOT(pB_bT_Color_clicked()));
     // 点击取消按钮，调用 pB_bT_Cancel_clicked()
    connect(ui->pushBtn_BrushCancel,SIGNAL(clicked()),this,
       SLOT(pB_bT_Cancel_clicked()));
    // 点击 OK 按钮，调用 pB_bT_OK_clicked()
    connect(ui->pushBtn_BrushOK,SIGNAL(clicked()),this,
       SLOT(pB_bT_OK_clicked()));
}
BrushToolDlg::~BrushToolDlg()
{
    delete ui;
}
```

在下面 pB_pT_OK_clicked() 槽函数中，获取画刷对话框中的画刷类型，并将获取的值设置为当前画刷类型（第 04 至 44 行）；发射 signal_brushSetted 信号，传递画刷颜色和类型。在 pB_pT_Color_clicked() 函数中，获取颜色，将图示按钮的颜色更改为用户选择的颜色，并将获取的颜色设置为画刷颜色。

```
01 // brushtooldlg.cpp
02 void BrushToolDlg::pB_bT_OK_clicked()
03 {
04    QBrush brush;  // creates a default pen
05    int brushStype= ui->bG_brushStyle->checkedId();
06    // 返回单选按钮被按下的 ID，如果没有被按下，返回 -1
```

```
switch(brushStype)
{
case 0:
  brush.setStyle(Qt::NoBrush);      break;
case 1:
  brush.setStyle(Qt::SolidPattern);  break;
case 2:
  brush.setStyle(Qt::Dense1Pattern);  break;
case 3:
  brush.setStyle(Qt::Dense2Pattern);  break;
case 4:
  brush.setStyle(Qt::Dense3Pattern);  break;
case 5:
  brush.setStyle(Qt::Dense4Pattern);  break;
case 6:
  brush.setStyle(Qt::Dense5Pattern);  break;
case 7:
  brush.setStyle(Qt::Dense6Pattern);  break;
case 8:
  brush.setStyle(Qt::Dense7Pattern);  break;
case 9:
  brush.setStyle(Qt::HorPattern);  break;
case 10:
  brush.setStyle(Qt::VerPattern);  break;
case 11:
  brush.setStyle(Qt::CrossPattern);  break;
case 12:
  brush.setStyle(Qt::BDiagPattern);  break;
case 13:
  brush.setStyle(Qt::FDiagPattern);  break;
case 14:
  brush.setStyle(Qt::DiagCrossPattern);  break;
case 15:
```

```
        brush.setStyle(Qt::LinearGradientPattern);    break;
    case 16:
        brush.setStyle(Qt::RadialGradientPattern);    break;
    case 117:
        brush.setStyle(Qt::ConicalGradientPattern);    break;
    }
    // 设置画刷颜色
    brush.setColor(m_brushColor);
    // 发射 signal_brushSetted 信号，传递画刷颜色和类型
    emit signal_brushSetted(brush);
    accept();// 隐藏对话框、返回结果
}
void BrushToolDlg::pB_bT_Cancel_clicked()
{
    this->close();// 关闭窗口
}
void BrushToolDlg::pB_bT_Color_clicked()
{
    if(m_bColorDialog->exec() == QColorDialog::Accepted )
    {// 如果颜色对话框弹出且用户点击确定
        m_brushColor = m_bColorDialog->selectedColor();
        // 返回用户选择的颜色
    }
    // 将按钮颜色设置为选择的颜色
    QPalette pal = ui->pushBtn_BrushColor->palette();
    pal.setColor(QPalette::Button,m_brushColor);
    ui->pushBtn_BrushColor->setPalette(pal);
    ui->pushBtn_BrushColor->setAutoFillBackground(true);
    ui->pushBtn_BrushColor->setFlat(true);
}
```

### 3. 主窗口获取画笔和画刷属性

画笔设置对话框和画刷设置对话框已经准备就绪。现在只需要在主对话框中连接信号即可。因此需要在 mainwindow 的构造函数中增加如下槽函数的连接。

```
// 连接到来自 pensetDlg 的 signal_penSetted 信号，则调用 setMyPen 函数
 connect(pensetDlg,SIGNAL(signal_penSetted(QPen)),this,
   SLOT(setMyPen(QPen)));
// 连接到来自 brushsetDlg 的 signal_brushSetted 信号，则调用 setMyBrush 函数
 connect(brushsetDlg,SIGNAL(signal_brushSetted(QBrush)),this,
   SLOT (setMyBrush(QBrush)));
```

这里调用的两个槽函数需要在 MainWindow 类中声明。在 MainWindow 类中还需要声明表示画笔属性和画刷属性的数据成员。

```
public slots:
   void setMyPen(QPen);
   void setMyBrush(QBrush);
private:
   QPen m_pen;// 使用的笔型
   QBrush m_brush;// 使用的填充类型
```

接着回到 mainwindow.cpp 中，为 setMyPen() 和 setMyBrush() 函数增加函数实现。

```
void MainWindow::setMyPen(QPen pen){
   m_pen=pen; // 将主对话框的画笔设置为画笔设置对话框发射信号中的画笔
}
void MainWindow::setMyBrush(QBrush  brush){
   m_brush=brush;// 将主对话框的画刷设置为画刷设置对话框发射信号中的画刷
}
```

至此，该例的主窗口通过自定义信号和槽连接的方式获取了画笔属性和画刷属性。下面将使用获取得到的画笔和画刷在画布上绘画。

### 4. 在画布上绘图

在画布上绘画，首先要响应用户的菜单点击或工具栏点击行为，因此需要连接用户行为和槽函数。

```
// 在 void  MainWindow::setupActions() 中增加
// 点击 line，调用 drawLine 函数
connect(line_act,SIGNAL(triggered()),this,SLOT(drawLine()));
// 点击 circle，调用 drawCircle 函数
connect(circle_act,SIGNAL(triggered()),this,SLOT(drawCircle()));
// 点击 ellipse，调用 drawEllipse 函数
connect(ellipse_act,SIGNAL(triggered()),this,SLOT(drawEllipse()));
// 点击 square，调用 drawSquare 函数
connect(square_act,SIGNAL(triggered()),this,SLOT(drawSquare()));
// 点击 rect，调用 drawRect 函数
connect(rect_act,SIGNAL(triggered()),this,SLOT(drawRect()));
```

为此，需要在 mainwindow.h 中增加如下槽函数的声明。

```
private slots:
    void penset();
    void brushset();
    void drawLine();
    void drawCircle();
    void drawEllipse();
    void drawSquare();
    void drawRect();
```

本例中将重载 paintEvent（QPaintEvent *）函数以实现图形的绘制，亦即声明在本widget 上绘图，并将画布 m_image 画在目标区域 this–>rect()。

```
void MainWindow::paintEvent(QPaintEvent *event)
{
    QPainter painter(this);// 在 widget 或其他设备上画图
    painter.drawImage(this->rect(),m_image);
    // 将画布 m_image 画在设备目标区域 this–>rect()
}
```

paintEvent（QPaintEvent *）函数是 QWidget 类中的虚函数，用于 UI 的绘制，会在多种情况下被其他函数自动调用，比如 update()。因此，当绘图槽函数被调用后，只需要定义一个新的局部 painter，定义其画笔及画刷属性，之后画图，然后结束该 painter，并更新。

```
void MainWindow::drawLine()
{// 当触发画直线工具按钮
    QPainter painter(&m_image);// 确保画在画布上
    painter.setPen(m_pen);// 使用画笔设置对话框的画笔属性
    //      painter.setPen(QPen(QColor(255, 0, 0), 3));
    painter.drawLine(100, 100, 250, 100);
    // 画一条 (100,100) 到 (250,100) 的直线
    painter.end();// 终止临时 QPainter
    update();// 更新绘图
}
void MainWindow::drawCircle()
{// 当触发画圆工具按钮
    QPainter painter(&m_image);// 确保画在画布上
    painter.setBrush(m_brush);// 使用画刷设置对话框的画笔属性
    painter.setPen(m_pen);// 使用画笔设置对话框的画笔属性
    painter.drawEllipse(200, 150, 100, 100);
    // 画一个 a 和 b 相同的椭圆，也就是圆。圆心 (200,150)
    painter.end();// 终止临时 QPainter
    update();// 更新绘图
}
void MainWindow::drawEllipse()
{// 触发画椭圆的工具栏按钮
    QPainter painter(&m_image);// 确保画在画布上
    painter.setBrush(m_brush);// 使用画刷设置对话框的画笔属性
    painter.setPen(m_pen);// 使用画笔设置对话框的画笔属性
    painter.drawEllipse(500, 300, 80, 60);
     // 画一个 a=80、b=60 的椭圆，位置 (500,300)
    painter.end();// 终止临时 QPainter
    update();// 更新绘图
}
void MainWindow::drawSquare()
{
    QPainter painter(&m_image);// 确保画在画布上
```

```
    painter.setBrush(m_brush);// 使用画刷设置对话框的画笔属性
    painter.setPen(m_pen);// 使用画笔设置对话框的画笔属性
    painter.drawRect(350, 150, 50, 50);
    // 画一个矩形，长和宽都为 50，起点 (350,150)
    painter.end();// 终止临时 QPainter
    update();// 更新绘图
}
void MainWindow::drawRect()
{
    QPainter painter(&m_image);// 确保画在画布上
    painter.setBrush(m_brush);// 使用画刷设置对话框的画笔属性
    painter.setPen(m_pen);// 使用画笔设置对话框的画笔属性
    painter.drawRect(400, 200, 100, 80);
    // 画矩形，长 100 宽 80，位置 (400,200)
    painter.end();// 终止临时 QPainter
    update();// 更新绘图
}
void MainWindow::deleteAll()
{
    m_image.fill(Qt::white);// 重新设置为白色画布
    update();// 更新绘图
}
```

截至目前，本程序已经可以实现固定位置的基本图形的绘制。如图 5-10 所示，直线的属性为蓝色、宽度 8、端点为圆头、虚线；圆形的属性为橙色纯色填充、黑色实线轮廓；矩形和正方形的属性为蓝色实线轮廓、绿色交叉填充；椭圆形的属性为蓝色实线轮廓、橙色线条密集填充。由于现在还没有捕获鼠标行为，这种方法显然无法进行“随手画”的绘制。如果点击工具栏的“垃圾桶”，则会清空画布。

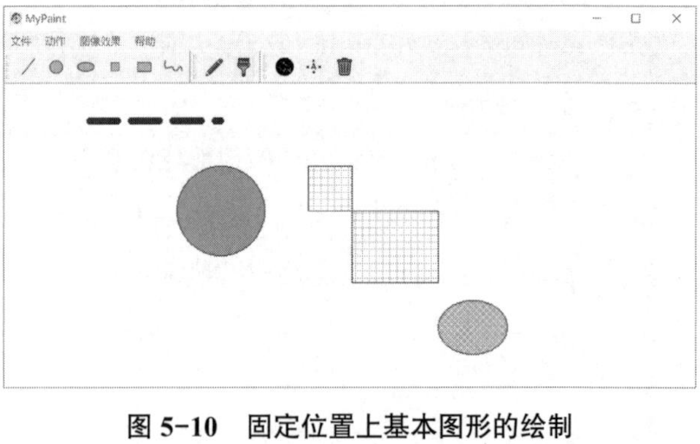

图 5-10　固定位置上基本图形的绘制

#### 5.3.2.2　鼠标绘制图形

本部分的实例主要解决的问题是如何捕获鼠标行为从而绘画。这部分需要先做一些准备工作。由于鼠标的点击、移动、释放都是程序需要捕获的行为，并且不同形状有不同的行为，所以我们首先定义一个枚举类型来表示不同的图形。也就是在 mainwindow.h 中定义 enum DrawType{ MYLINE=1, MYCIRCLE, MYELLIPSE, MYSQUARE, MYRECT, DRAWWITHPEN}，分别用来表示图形种类为直线、圆形、椭圆形、正方形、矩形、随手画。之后我们在 MainWindow 类中定义一个私有数据成员 DrawType myPaintType，用于表示形状类型。这个数据成员将会在后面的绘制中被使用。在准备工作的最后，在绘制图形 QAction 的槽函数中将图形类别分别设置为对应的枚举值。

**1. “随手画”功能的实现**

这里首先实现“随手画”功能，帮助大家熟悉捕获鼠标行为绘画的方法。我们知道一条曲线可以被理解为是由很多条很短的直线连接而成的。“随手画”画出的线条也是如此。当鼠标左键被按下，程序就需要记录此时的位置，作为“随手画”的起始点；鼠标被移动后，程序需要捕获鼠标的新位置，作为极短线条的结束点；之后将该结束点作为新的起点，再去捕获新的结束点；这样的更新一直进行下去，直到鼠标左键被松开，则停止绘图。可以看出，为了实现“随手画”，我们至少需要定义当前点 currPoint 和前一个点 prePoint，并重写三个函数：

void mousePressEvent（QMouseEvent *）;// 重写鼠标按下事件

void mouseReleaseEvent（QMouseEvent *）;// 重写鼠标释放事件

void mouseMoveEvent（QMouseEvent *）;// 重写鼠标移动事件

所以首先在 mainwindows.h 中 MainWindow 类的定义中增加如下成员的声明。

```
public:
  void mousePressEvent(QMouseEvent *);// 鼠标左键按下事件
  void mouseReleaseEvent(QMouseEvent *);// 重写鼠标释放事件
  void mouseMoveEvent(QMouseEvent *);// 重写鼠标移动事件
private:
  bool flg_leftPressed; // 左键按下标记
  QPoint currPos,prePos; // 当前位置和前一个位置
```

接下来完善三个函数的函数体来处理捕获到的鼠标事件。

```
void MainWindow::mousePressEvent(QMouseEvent *e)
{// 鼠标左键按下事件
  if(e->button() == Qt::LeftButton)// 当鼠标左键按下
  {
    flg_leftPressed=true;
    prePos=e->pos();// 左键点击，将第一次位置当做前一个点
  }
}
void MainWindow::mouseReleaseEvent(QMouseEvent *e)
{// 重写鼠标释放事件
  if(e->button() == Qt::LeftButton && flg_leftPressed)  // 如果鼠标左键释放
  {
    currPos = e->pos();// 获得鼠标指针的当前坐标作为终止坐标
  }
  update();// 重绘
}
void MainWindow::mouseMoveEvent(QMouseEvent *e)
{// 重写鼠标移动事件
  if(e->buttons()&Qt::LeftButton && flg_leftPressed)
// 如果鼠标左键按着的同时移动鼠标
  {
    currPos = e->pos();  // 左键移动，左键位置作为当前位置
  }
  update();// 重绘
}
void MainWindow::paintEvent(QPaintEvent *e)
{
  QPainter painter(this);// 在 widget 或其他设备上画图
  painter.drawImage(this->rect(),m_image);// 将 m_image 画到设备
  if(flg_leftPressed){
    if(myPaintType==DRAWWITHPEN)// 随手画
    {
      QPainter p(&m_image);  // 在 m_image 上绘图
```

```
            p.setBrush(m_brush);// 使用画刷设置对话框的画笔属性
            p.setPen(m_pen);// 使用画笔设置对话框的画笔属性
            p.drawLine(prePos,currPos);  // 由起始坐标和终止坐标绘制直线
            prePos = currPos; // 让终止坐标变为起始坐标
            p.end();
        }
    }
}
```

如果程序编写正确，运行程序会得到如图 5-11 所示的结果。图中的画笔宽度为 4、画笔颜色为品红色、端点风格为圆头。

**图 5-11　“随手画”的初步实现**

**2. 基本形状绘制的优化**

理解了鼠标事件的捕获后，就可以将这种思想利用起来，完成随鼠标移动进行其他图形的绘制。这里希望鼠标左键点击时开始捕获鼠标事件，鼠标移动时根据光标位置绘制临时的图形，鼠标左键释放时才真正将最后的图形绘制在画布上，并进一步绘制在设备上。

首先我们需要在 MainWindow 类中声明一个数据成员 QPoint firstPos 作为矩形、正方形的绝对起点。这样我们在捕获鼠标左键被点击时，同时需要记录这个绝对起点。

```
if(e->button() == Qt::LeftButton)// 当鼠标左键按下
{
    flg_leftPressed=true;
    prePos=e->pos();// 左键点击，将第一次位置当做前一个点
    firstPos=prePos;// 同时作为绝对起点
}
```

如下面代码，当鼠标左键被按下且移动时（第 03 行），需要更新鼠标的位置作为绘图的当前位置（第 06 行）。

```
void MainWindow::mouseMoveEvent(QMouseEvent *e)
{// 重写鼠标移动事件
    if(e->buttons()&Qt::LeftButton && flg_leftPressed)
// 如果鼠标左键按着的同时移动鼠标
{
currPos = e->pos(); // 左键移动，左键位置作为当前位置
}
update();// 重绘
}
```

当鼠标左键被释放时，需要立即获取当前位置作为图形终止的坐标（如下面第 03 行），以起始位置 firstPos 和终止位置 currPos 为绘图区间绘制图形。

```
01 void MainWindow::mouseReleaseEvent(QMouseEvent *e)
02 {// 重写鼠标释放事件
03     if(e->button() == Qt::LeftButton && flg_leftPressed)  // 如果鼠标左键释放
04     {
05         flg_leftPressed=false;// 左键被释放
06         currPos = e->pos();// 获得鼠标指针的当前坐标作为终止坐标
07     }
08     flg_leftPressed=false;// 左键被释放
09     update();// 重绘
10 }
```

接着，为了实现绘制图形，需要在 paintEvent（QPaintEvent*）函数中绘制图形，绘图时需要的两个重要参数是起始位置 firstPos 和当前位置 currPos。可以想象，如果需要绘制矩形、圆形等图形，只需要将鼠标释放的位置作为终点而形成的图形画在画布上，拖动鼠标左键的过程虽然需要显示，但是不需要绘制在画布上。因此，这里可以通过 QPainter painter 指定不同的绘图设备，当需要绘制在画布上时，painter 将指定设备为 m_image；当不需要绘制在画布上时，painter 将指定设备为 this。

```
void MainWindow::paintEvent(QPaintEvent *e)
{
    QPainter painter;// 实例化 QPainter
    painter.begin(this);
```

```
    painter.drawImage(this->rect(), m_image);// 将 m_image 画到窗体
    painter.end();

//↓ 直线、矩形等鼠标划过的中间过程不应画在画布上
    if(flg_leftPressed && !flg_shapeDone)
    {
      if(myPaintType==MYLINE)// 画直线
      {
        painter.begin(this);// 中间结果不能画在画布上
        painter.setBrush(m_brush);// 使用画刷设置对话框的画笔属性
        painter.setPen(m_pen);// 使用画笔设置对话框的画笔属性
        painter.drawLine(firstPos,currPos);  // 由起始坐标和终止坐标绘制直线
        painter.end();
      }
      if(myPaintType==MYSQUARE)// 画正方形
      {
        painter.begin(this);
        painter.setBrush(m_brush);// 使用画刷设置对话框的画笔属性
        painter.setPen(m_pen);// 使用画笔设置对话框的画笔属性
        int side=currPos.x()-firstPos.x();
        painter.drawRect(firstPos.x(),firstPos.y(), side,side);
        // 画一个矩形，长和宽相等
        painter.end();
      }
      if(myPaintType==MYRECT )// 画矩形
      {//.......
      }
      if(myPaintType==MYCIRCLE)// 画圆形
      {
        painter.begin(this);
        painter.setBrush(m_brush);// 使用画刷设置对话框的画笔属性
        painter.setPen(m_pen);// 使用画笔设置对话框的画笔属性
        int w=currPos.x()-firstPos.x();
```

```
            QSize si(w,w);
            QRect r(firstPos,si);
            painter.drawEllipse(r); // 画一个圆形
            painter.end();
        }
        if(myPaintType==MYELLIPSE)// 画椭圆形
        { //.......
        }
        if(myPaintType==DRAWWITHPEN)// 随手画
        {//......
        }
    }

//↓ 直线、矩形等形状在鼠标左键被释放后被画在画布上
    if(!flg_leftPressed && !flg_shapeDone)
    {// 左键已经释放且没有完成当前图形绘制
        if(myPaintType==MYLINE)// 画直线
        {
            painter.begin(&m_image);// 中间结果不能画在画布上
            painter.setBrush(m_brush);// 使用画刷设置对话框的画笔属性
            painter.setPen(m_pen);// 使用画笔设置对话框的画笔属性
            painter.drawLine(firstPos,currPos);  // 由起始坐标和终止坐标绘制直线
            painter.end();
        }
        if(myPaintType==MYSQUARE)// 画正方形
        {
            painter.begin(&m_image);
            painter.setBrush(m_brush);// 使用画刷设置对话框的画笔属性
            painter.setPen(m_pen);// 使用画笔设置对话框的画笔属性
            int side=currPos.x()-firstPos.x();
            painter.drawRect(firstPos.x(),firstPos.y(), side,side);
            // 画一个矩形，长和宽相等
            painter.end();
```

```
        }
        if(myPaintType==MYRECT )// 画矩形
        {//......
        }
        if(myPaintType==MYCIRCLE)// 画圆形
        {
            painter.begin(&m_image);
            painter.setBrush(m_brush);// 使用画刷设置对话框的画笔属性
            painter.setPen(m_pen);// 使用画笔设置对话框的画笔属性
            int w=currPos.x()-firstPos.x();
            QSize si(w,w);
            QRect r(firstPos,si);
            painter.drawEllipse(r);   // 画一个圆形
            painter.end();
        }
        if(myPaintType==MYELLIPSE)// 画椭圆形
        { //......
        }
        if(myPaintType==DRAWWITHPEN)// 随手画
        { //......
        }
        update();
        flg_shapeDone=true;
    }
}
```

上面代码中，示例性地给出了直线、正方形、圆形的绘制过程，请仿照完成其他图形的绘制。至此，随鼠标移动进行图形绘制的工作就完成了。

#### 5.3.2.3　图形的撤销

如果需要实现撤销功能，就需要记录所有被绘制的图形，当用户撤销时回退至上一个绘制状态。因此，此部分需要存储绘图过程中的所有图形，并且需要解决撤销一次后将上一个绘图状态的所有图形重新绘制出来的问题。

首先需要让程序知道现在是否处于撤销状态，因此在 MainWindow 类中需要声明一个指示变量 flg_undo，如果 flg_undo 为真则表示现在处于撤销状态；重新绘制出上一个绘图状态后，再将 flg_undo 设置为假。

当用户点击工具条的“撤销”按钮时，需要连接到槽函数 undoOnce()。因此请在 MainWindow 类的定义中声明该槽函数。undoOnce() 函数的功能之一是引发 flg_undo 变成“真”。

```
void MainWindow::undoOnce()
{
    flg_undo=true;
}
```

接着，需要记录各个被绘制的图形，直线、矩形、正方形、圆形、椭圆形需要记录的是起点位置和终点位置，“随手画”则需要记录全部位置才能在将来进行重绘。

程序在运行过程中，用户可能绘制多种不同类型的图形，且每种图形的数量可以很多。为了存储这些图形，可以使用已经封装好的 QVector。关于 QVector 的各种方法，可以在 QVector 关键字上点击 F1 进行查看。每种图形均需要一个 QVector 来存储多个已经被绘制的同类图形；每个图形的 QPen 和 QBrush 也需要存储以备重绘时使用；类似的，还需要一个所有图形的总数组来指示所有图形的种类，以方便按绘制顺序倒序重绘。因此需要在 MainWindow 类中增加如下新的数据成员。

```
private:
    bool flg_shapeDone=true;  // 处于图形画完状态的标记
    bool flg_undo=false;// 撤销状态
    // 绘画过程中使用的各种集合和标记
    QVector<QVector<QPoint> > v_lines;// 线条集合 ( 一条线条可包含多个点 )
    QVector<QRect> v_rects;// 矩形集合
    QVector<QRect> v_squares;// 正方形集合
    QVector<QRect> v_circles;// 圆形集合
    QVector<QRect> v_ellipse;// 椭圆集合
    QVector<QRect>  v_line;// 直线集合
    QVector<QPen>  v_pen;// 画笔集合
    QVector<QBrush>  v_brush;// 画刷集合
    QVector<int>  v_shape;// 图形类型集合
```

那么，如此多的图形应该如何被存储下来呢？直线、矩形、正方形、圆形、椭圆形只需要在左键释放时记录下第一个点和当前点（也就是终点），而“随手画”则需要在左键点击、移动、释放过程中全程记录所有点，才能最终存储这条不规则的线条。

首先，在点击鼠标左键时，需要调整一下该函数的工作内容，使之可以记录随手画线条的起始点。

```
if( !flg_undo)// 绘画模式才需要记录鼠标坐标
{   if(e->button() == Qt::LeftButton)// 当鼠标左键按下
    {
        flg_leftPressed=true;
        flg_shapeDone=false;// 刚开始绘制，还没画完
        prePos=e->pos();// 左键点击，将第一次位置当做前一个点
        firstPos=prePos;// 同时作为矩形等的总起点

        // 为了可以撤销随手画，需要从左键按下记录
        if(myPaintType==DRAWWITHPEN)
        {
          QVector<QPoint> curveLine;// 鼠标按下，不规则线条开始（点集）
          v_lines.append(curveLine);// 将新线条加入随手画线条集合中
          QVector<QPoint>& lastLine = v_lines.last();// 最后添加的线条，就是最新画的
         lastLine.append(firstPos);// 记录线条的开始坐标
          }
    }
}
```

接着，在鼠标左键按下移动时，也需要记录随手画的点。

```
void MainWindow::mouseMoveEvent(QMouseEvent *e)
{// 重写鼠标移动事件
    if( !flg_undo)// 绘画模式或移动模式才需要记录鼠标坐标
    {
        if(e->buttons()&Qt::LeftButton && flg_leftPressed)
// 如果鼠标左键按着的同时移动鼠标
        {
          currPos = e->pos(); // 左键移动，左键位置作为当前位置
        }
```

```
        // 为了可以撤销随手画，移动过程也需要记录
        if(myPaintType==DRAWWITHPEN)
        {
          QVector<QPoint>& lastLine = v_lines.last();
      // 最后添加的线条，就是最新画的
          lastLine.append(currPos);// 记录线条的结束坐标
        }
        update();// 重绘
    }
}
```

之后，在鼠标键松开时，需要记录随手画的所有移动到的点，以及直线、矩形、正方形、圆形、椭圆形的第一个点和当前点（也就是终点）。

```
void MainWindow::mouseReleaseEvent(QMouseEvent *e)
// 重写鼠标释放事件
{
    if( !flg_undo)// 绘画模式才需要记录鼠标坐标
    {
    if(e->button() == Qt::LeftButton && flg_leftPressed)  // 如果鼠标左键释放
    {
        flg_leftPressed=false;// 左键被释放
        currPos = e->pos();// 获得鼠标指针的当前坐标作为终止坐标
        if(myPaintType==MYLINE)// 画直线
        {
            if(!flg_move)
            {// 非移动状态时绘图并存入直线图形数组
                // 存入数组，为撤销和移动做准备
                QRect rect;// 矩形
                v_line.append(rect);// 将新矩形添加到矩形集合
                QRect& lastRect = v_line.last();// 拿到新矩形
                lastRect.setTopLeft(firstPos);// 记录鼠标的坐标（新矩形的左上角坐标）
                lastRect.setBottomRight(currPos);// 更新矩形的右下角坐标
                v_pen.append(m_pen);// 存储画笔
```

```
            v_brush.append(m_brush);// 存储画笔
            v_shape.append(1);// 同时存储至全部形状的数组中
        }
    }
        if(myPaintType==MYSQUARE)// 画正方形
        {
            if(!flg_move)
            {// 非移动状态时绘图并存入正方形图形数组
                // 存入数组，为撤销和移动做准备
                QRect rect;// 鼠标按下，矩形开始
                v_squares.append(rect);// 将新矩形添加到矩形集合
                QRect& lastRect = v_squares.last();// 拿到新矩形
                lastRect.setTopLeft(firstPos);// 记录鼠标的坐标 ( 新矩形的左上角坐标 )
                lastRect.setBottomRight(currPos);// 更新矩形的右下角坐标
                v_shape.append(4);// 同时存储至全部形状的数组中
                v_pen.append(m_pen);// 存储画笔
                v_brush.append(m_brush);// 存储画笔
            }
         }

        if(myPaintType==MYRECT)// 矩形
        {//......
        }

        if(myPaintType==MYCIRCLE)// 画圆形
        {
            if(!flg_move)
            {// 非移动状态时绘图并存入圆形图形数组
                // 存入数组，为撤销和移动做准备
                QRect rect;
                v_circles.append(rect);// 将新矩形添加到矩形集合
                QRect& lastRect = v_circles.last();// 拿到新矩形
                lastRect.setTopLeft(firstPos);// 记录鼠标的坐标 ( 新矩形的左上角坐标 )
```

```
                lastRect.setBottomRight(currPos);// 更新矩形的右下角坐标
                v_pen.append(m_pen);// 存储画笔
                v_brush.append(m_brush);// 存储画笔
                v_shape.append(2);// 同时存储至全部形状的数组中
            }
        }

        if(myPaintType==MYELLIPSE)// 画椭圆形
        {//...
        }
        if(myPaintType==DRAWWITHPEN)// 随手画
        {//...
        }
    }
    update();// 重绘
    }
}

```

上面代码中，示例性给出了直线、正方形、圆形的存储过程，请仿照完成其他图形的存储。

存储工作完成后，接下来要处理撤销 undo 功能。一旦用户按下“undo”撤销键，首先判断是否还有图形可以撤销，如果没有图形可以撤销则什么都不做；接着需要判断被撤销的是哪个图形，这由 v_shape 记录；之后将被撤销的图形从它所在数组清空，同时将它的画笔、画刷属性清空；然后将 v_shape 数组的最后一个元素清空；最后将 v_shape 中有记录的所有图形重绘。下面的代码重写了 undo() 槽函数来实现这个过程。

```
void MainWindow::undoOnce()
{
    if(v_shape.size()==0)
     return;// 如果没有可撤销的，什么也不做
  flg_undo=true;// 现在进入撤销状态
  if(v_shape.last()==1)
  {// 最后一个直线，则从直线数组中移除最后一个元素
```

```
        v_line.removeLast();
    }
    if(v_shape.last()==2)
    {// 最后一个是圆形，则从圆形数组中移除最后一个元素
        v_circles.removeLast();
    }
    if(v_shape.last()==3)
    {// 最后一个是椭圆，则从椭圆数组中移除最后一个元素
        v_ellipse.removeLast();
    }
    if(v_shape.last()==4)
    {// 最后一个是正方形，则从正方形数组中移除最后一个元素
        v_squares.removeLast();
    }
    if(v_shape.last()==5)
    {// 最后一个是矩形，则从矩形数组中移除最后一个元素
        v_rects.removeLast();
    }
    if(v_shape.last()==6)
    {// 最后一个是随手画，则从随手画数组中移除最后一个元素
        v_lines.removeLast();
    }
    v_shape.removeLast();// 移除最后一个图形种类记录
    v_pen.removeLast();// 移除最后一个画笔
    v_brush.removeLast();// 移除最后一个画刷

    update();// 重绘
}
```

为了能恢复到上一个绘图的画布状态，paintEvent() 需要被重新修改。当处于撤销状态时绘图，应该将现在的画布清空，并将所有上一步绘制的图形全部重新绘制一遍。因此，需要在 paintEvent() 函数中增加撤销模式的重绘操作。撤销操作重绘原理如图 5–12 所示。

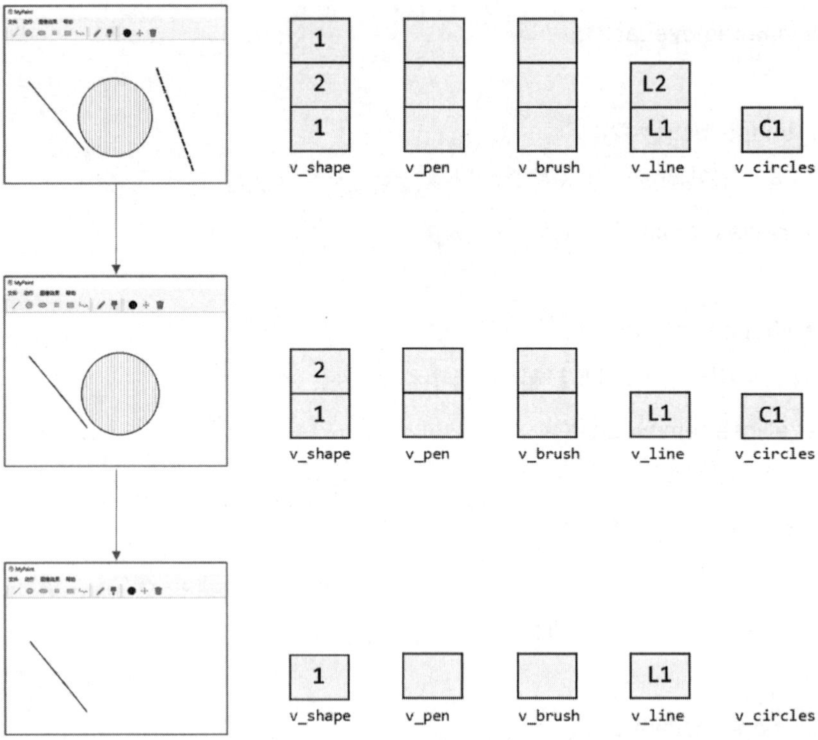


**图 5-12　撤销操作重绘原理示意图**

图 5-12 中的第一行表示当前状态为已经绘制了三个图形，分别为直线、圆形、直线，因此在 v_shape 数组中按照绘制的顺序存放着已绘制图形的种类编号 1、2、1，分别代表着其中的实线、圆形、虚线。v_line 数组中存放两条直线，L1 为直线，L2 为虚线。v_circles 数组中存放着圆形。点击一次撤销后，绘图状态则转变为图 5-12 中的第二行。v_shape 数组中清空最后一个元素，代表虚线被清除。v_line 数组中删除最后一个元素，只剩下 L1 直线，L2 虚线被清空。第二次点击撤销后，绘图状态则转变为图 5-12 中的第三行。v_shape 数组中清空最后一个元素，代表圆形被清除。v_circles 数组中删除最后一个元素，现在变成空数组。v_line 数组中依然只剩下 L1 直线。此过程的代码如下：

```
if(flg_undo)// 撤销模式
{
    m_image.fill(Qt::white);// 清空原有图形
    painter.begin(&m_image);
    unsigned int c_line=0,c_circle=0,c_ellipse=0,c_square=0,c_rect=0,c_lines=0;
   // 各种图形在各自数组中的索引
    for(int c = 0;c<v_shape.size();c++)// 控制用户当前所绘图形总数
    {
```

```
if(v_shape.at(c) == 1)// 直线
{// 如果 c 位置是直线，重新设置画刷画笔，并按照直线数组中的坐标绘制直线
  painter.setPen(v_pen.at(c));
  painter.setBrush(v_brush.at(c));
  painter.drawLine(v_line.at(c_line).topLeft(), v_line.at(c_line).bottomRight());
  c_line++;
}
if(v_shape.at(c) == 2)// 圆形
{// 如果 c 位置是圆形，重新设置画刷画笔，并按照圆形数组中的坐标绘制直线
  painter.setPen(v_pen.at(c));
  painter.setBrush(v_brush.at(c));
  int w=v_circles.at(c_circle).bottomRight().x()-v_circles.at(c_circle).topLeft().x();
  QSize si(w,w);
  QRect r(v_circles.at(c_circle).topLeft(),si);
  painter.drawEllipse(r);
  c_circle++;
}
if(v_shape.at(c) == 3)// 椭圆
{// 如果 c 位置是椭圆形，重新设置画刷画笔，并按照椭圆形数组中的坐标绘制直线
  painter.setPen(v_pen.at(c));
  painter.setBrush(v_brush.at(c));
  QRect r(v_ellipse.at(c_ellipse).topLeft(), v_ellipse.at(c_ellipse).bottomRight());
  painter.drawEllipse(r);
  c_ellipse++;
}
if(v_shape.at(c) == 4)// 正方形
{// 如果 c 位置是正方形，重新设置画刷画笔，并按照正方形数组中的坐标绘制直线
  painter.setPen(v_pen.at(c));
  painter.setBrush(v_brush.at(c));
  int side=v_squares.at(c_square).bottomRight().x()-
    v_squares.at(c_square).topLeft().x();
```

```
            QRect r(v_squares.at(c_square).topLeft().x(),
                v_squares.at(c_square).topLeft().y(),side,side);
            painter.drawRect(r);
            c_square++;
        }
        if(v_shape.at(c) == 5)// 长方形
        {// 如果 c 位置是长方形，重新设置画刷画笔，并按照长方形数组中的坐标绘制直线
            painter.setPen(v_pen.at(c));
            painter.setBrush(v_brush.at(c));
            QRect r(v_rects.at(c_rect).topLeft(), v_rects.at(c_rect).bottomRight());
            painter.drawRect(r);
            c_rect++;
        }
        if(v_shape.at(c) == 6)// 随手画
    {// 如果 c 位置是随手画的图形，重新设置画刷画笔，并按照随手画数组中的坐标绘制直线
            painter.setPen(v_pen.at(c));
            painter.setBrush(v_brush.at(c));
            //begin 画出随手画的所有线段
            QVector<QPoint> curveLine = v_lines.at(c_lines);// 取出随手画曲线
            for(int j=0; j<curveLine.size()-1; ++j)// 将线条的所有线段描绘出
            {
                painter.drawLine(curveLine.at(j), curveLine.at(j+1));
            }
            //end 画出随手画的所有线段
            c_lines++;
        }
    }
    painter.end();
    flg_undo=false;// 一次撤销结束
    update();// 重绘到设备上
}
```

#### 5.3.2.4　图形的移动

很多时候，用户需要在画完一个图形后对其进行移动以调整到自己期望的位置。这就需要实现图形的移动功能。

1. **增加槽连接**

程序中需要一个状态变量 bool flg_move 来表示是否处于移动状态。点击工具栏的移动按钮后，还应连接到对应的槽函数 moveMyItem()。请继续添加如下连接。

```
connect(move_act,SIGNAL(triggered()),this,SLOT(moveMyItem()));
```

moveMyItem() 函数的作用主要为切换状态，并指示当前哪个图形被移动。因此该函数的工作主要有三点：一是切换到移动状态，并将光标设置为带箭头的十字光标；二是检测是否没有图形，如果已经没有可以移动的图形，则什么也不做；三是根据 v_shape 里存储的最后一个图形的种类重新设置图形类别 myPaintType。如下面代码所示：

```
void MainWindow::moveMyItem(){
    if(!flg_move)
    {  flg_move=true;// 点击后设置为移动
       setCursor(Qt::SizeAllCursor);
       // 将光标形状改为带箭头十字
       flg_undo=false;
       flg_draw=false;
    }
    if(v_shape.size()<1)
       return;

    if(v_shape.last()==1)// 最后一个直线
    { myPaintType=MYLINE;
    }
    if(v_shape.last()==2)// 最后一个是圆形
    { myPaintType=MYCIRCLE;
    }
    if(v_shape.last()==3)// 最后一个是椭圆
    { myPaintType=MYELLIPSE;
    }
```

```
    if(v_shape.last()==4)// 最后一个是正方形
    { myPaintType=MYSQUARE;
    }
    if(v_shape.last()==5)// 最后一个是矩形
    { myPaintType=MYRECT;
    }
    if(v_shape.last()==6)// 最后一个是随手画，
    { myPaintType=DRAWWITHPEN;
    }
}
```

接下来需要处理鼠标的状态。当用户点击“移动”进入移动状态后，首先需要点击图形，拖动直至满意，然后释放。三种状态中需要处理如下不同的工作。

• 左键点击：左键点击的位置是移动的起始位置，记录下该位置十分重要。并且，对于使用 QRect 存储的直线、圆形等规则图形，只有当点击的位置处于图形内部才记录为起始位置 mp_begin。

• 鼠标左键处于按下状态并移动：移动过程中捕获当前鼠标位置 currPos，并计算和之前的鼠标位置 mp_begin 之间的偏移量 offset，然后随着鼠标的移动及时调整被移动图形的位置，并更新 mp_begin 为当前位置，之后重绘。

• 鼠标左键被松开：此时的工作和左键移动的工作很类似，需要捕获鼠标被释放位置 currPos，这个点也是图形移动的终止点 endPos。也需要计算和之前的鼠标位置 mp_begin 之间的偏移量 offset，然后调整被移动图形的位置，之后重绘。

下面分别介绍以上处理的思路和代码实现。

**2. 左键点击**

左键点击的实现思路如下：

---

当鼠标左键被按下时：

　　设置左键按下标记 flg_leftPressed 为真，设置图形完成标记 flg_shapeDone 为假；

　　当前位置 currPos、第一个位置 firstPos、前一个位置 prePos 均被设定为鼠标点击的位置 e->pos()；

　　➲ 如果是绘图模式

　　　进行绘图操作，具体如前文；

　　➲ 如果是移动模式

　　　➲ 如果移动随手画：将移动起始点 mp_begin 设定为鼠标点击的点 e->pos()；

　　　➲ 否则：根据图形种类取出对应数组的最后一个图形。如果鼠标点击的点在图形内，则将移动起始点 mp_begin 设定为鼠标点击的点 e->pos().

---

上述思路对应的实现代码如下：

```
void MainWindow::mousePressEvent(QMouseEvent *e)
{// 鼠标左键按下事件
   if(e->button() == Qt::LeftButton)// 当鼠标左键按下
   {
      flg_leftPressed=true;
      flg_shapeDone=false;
      prePos=e->pos();// 左键点击，将第一次位置当做前一个点
      currPos=firstPos=prePos;// 同时作为矩形等的总起点

      if(flg_draw)// 绘画模式需要记录鼠标坐标
      {// ……
      }
      else if(flg_move) {
         if(v_shape.last()==6) {
            mp_begin=e->pos();// 左键点击的位置为移动的起始点
         }
         else{
            QRect lastRect;
            if(v_shape.last()==1)
               lastRect =v_line.last();
            if(v_shape.last()==2)
               lastRect =v_circles.last();
            if(v_shape.last()==3)
               lastRect =v_ellipse.last();
            if(v_shape.last()==4)
               lastRect =v_squares.last();
            if(v_shape.last()==5)
               lastRect =v_rects.last();

            if(lastRect.contains(e->pos())){
               mp_begin=e->pos();// 左键点击的位置为移动的起始点
            }
```

```
            }
        }
    }
}
```

### 3. 左键移动

左键移动的实现思路如下：

---

当鼠标左键被按下且鼠标在移动时：

将光标所在位置 e->pos() 作为当前位置 currPos

- 如果是绘画模式：（省略）
- 如果是移动模式

  根据 currPos 和 mp_begin 计算偏移量；

  - 如果图形是随手画，对随手画数组的最后一条曲线上的所有点按照 offset 进行偏移计算；
  - 否则，找到对应类型的图形数组，将其中最后一个图形所在 QRect 按照 offset 整体偏移；

  将移动起始点 mp_begin 设定为鼠标点击的点 e->pos()。

重绘。

---

左键移动的代码如下：

```
void MainWindow::mouseMoveEvent(QMouseEvent *e)
{// 重写鼠标移动事件
    if(e->buttons()&Qt::LeftButton && flg_leftPressed)
    // 如果鼠标左键按着的同时移动鼠标
    {   currPos = e->pos(); // 左键移动，左键位置作为当前位置
        if(flg_draw) {// 绘画模式需要记录鼠标坐标
        // ...
        }
        else if(flg_move) {
            int offsetX=currPos.x()-mp_begin.x();// 横向偏移
            int offsetY=currPos.y()-mp_begin.y();// 纵向偏移
            // 更新矩形外框的位置
            if(v_shape.last()==1)// 最后一个图形是直线
            {
                QRect& lastRect = v_line.last();// 拿到最后一个矩形
```

```
            if(lastRect.contains(e->pos()))
               lastRect=lastRect.adjusted(offsetX,offsetY,offsetX,offsetY);
        // 仅调整位置
        }
        else if(v_shape.last()==2)// 最后一个图形是圆形
        {
            QRect& lastRect = v_circles.last();// 拿到最后一个矩形
            if(lastRect.contains(e->pos()))
               lastRect=lastRect.adjusted(offsetX,offsetY,offsetX,offsetY);
        // 仅调整位置
        }
        else if(v_shape.last()==3)// 最后一个图形是椭圆
        {
            QRect& lastRect =v_ellipse.last();// 拿到最后一个矩形
            if(lastRect.contains(e->pos()))
               lastRect=lastRect.adjusted(offsetX,offsetY,offsetX,offsetY);
        // 仅调整位置
        }
        else if(v_shape.last()==4)// 最后一个图形是正方形
        {
            QRect& lastRect = v_squares.last();// 拿到最后一个矩形
            if(lastRect.contains(e->pos()))
               lastRect=lastRect.adjusted(offsetX,offsetY,offsetX,offsetY);
        // 仅调整位置
        }
        else if(v_shape.last()==5)// 最后一个图形是矩形
        {
            QRect& lastRect = v_rects.last();// 拿到最后一个矩形
            if(lastRect.contains(e->pos()))
               lastRect=lastRect.adjusted(offsetX,offsetY,offsetX,offsetY);
        // 仅调整位置
        }
        else if(v_shape.last()==6)// 最后一个图形是随手画
```

```
            {// 将所有点做偏移
                QVector<QPoint>& lastLine = v_lines.last();
            // 最后添加的线条，就是最新画的
                for(int j=0; j<lastLine.size(); ++j)// 将线条的所有点做偏移
                {
                    lastLine[j].setX(lastLine.at(j).x()+offsetX);
                    lastLine[j].setY(lastLine.at(j).y()+offsetY);
                }
            }
            mp_begin=e->pos();// 刷新移动的起始点
        }
    }
    update();// 重绘
}
```

4. **左键释放**

左键释放的实现思路如下：

---

当鼠标左键被释放时：

　　左键被点击，标记 flg_leftPressed 变成 false；

　　获得光标，当前坐标作为终止坐标；

- 如果图形为直线、正方形、矩形、圆形、椭圆形
  - 如果是绘制模式：（省略）
  - 如果是移动模式：
    对图形数组的最后图形的关键点按照 offset 进行偏移计算。
- 如果是随手画
  - 如果是绘制模式：（省略）
  - 如果是移动模式：
    对随手画图形数组的最后图形的所有点按照 offset 进行偏移计算。

重绘。

---

左键释放的代码如下：

```
void MainWindow::mouseReleaseEvent(QMouseEvent *e)
// 重写鼠标释放事件
{
    if(e->button() == Qt::LeftButton && flg_leftPressed)  // 如果鼠标左键释放
```

```
{
    flg_leftPressed=false;// 左键被释放
    endPos=currPos = e->pos();// 获得鼠标指针的当前坐标作为终止坐标
    if(myPaintType==MYLINE)// 画直线
    {
        if(flg_draw)// 绘画模式或移动模式才需要记录鼠标坐标
        {   // ……
        }
        else if(flg_move)
        { // 更新矩形位置
            int offsetX=currPos.x()-mp_begin.x();// 横向偏移
            int offsetY=currPos.y()-mp_begin.y();// 纵向偏移
            QRect& lastRect = v_line.last();// 拿到最后一个矩形
            if(lastRect.contains(e->pos()))
      lastRect=lastRect.adjusted(offsetX,offsetY,offsetX,offsetY); // 仅调整位置
        }
    }
    if(myPaintType==MYSQUARE)// 画正方形
    {
        if(flg_draw)// 绘画模式或移动模式才需要记录鼠标坐标
        {   // ……
        }
        else if(flg_move)
        {
            int offsetX=currPos.x()-mp_begin.x();// 横向偏移
            int offsetY=currPos.y()-mp_begin.y();// 纵向偏移
            QRect& lastRect = v_squares.last();// 拿到最后一个矩形
            if(lastRect.contains(e->pos()))
      lastRect=lastRect.adjusted(offsetX,offsetY,offsetX,offsetY);// 仅调整位置
        }
    }
    if(myPaintType==MYRECT)// 矩形
    {
```

```
        if(flg_draw){
            // ……
        }
        else if(flg_move)
        {
            int offsetX=currPos.x()-mp_begin.x();// 横向偏移
            int offsetY=currPos.y()-mp_begin.y();// 纵向偏移
            QRect& lastRect = v_rects.last();// 拿到最后一个矩形
            if(lastRect.contains(e->pos()))
    lastRect=lastRect.adjusted(offsetX,offsetY,offsetX,offsetY);// 仅调整位置
        }
    }
    if(myPaintType==MYCIRCLE)// 画圆形
    {
        if(flg_draw)
        {    // ……
        }
        else if(flg_move)
        {
            int offsetX=currPos.x()-mp_begin.x();// 横向偏移
            int offsetY=currPos.y()-mp_begin.y();// 纵向偏移
            QRect& lastRect = v_circles.last();// 拿到最后一个矩形
            if(lastRect.contains(e->pos()))
      lastRect=lastRect.adjusted(offsetX,offsetY,offsetX,offsetY);// 仅调整位置
        }
    }
    if(myPaintType==MYELLIPSE)// 画椭圆形
    {
        if(flg_draw){
            // ……
        }
        else if(flg_move)
        {
```

```
            int offsetX=currPos.x()-mp_begin.x();// 横向偏移
            int offsetY=currPos.y()-mp_begin.y();// 纵向偏移
            QRect& lastRect = v_ellipse.last();// 拿到最后一个矩形
            if(lastRect.contains(e->pos()))
        lastRect=lastRect.adjusted(offsetX,offsetY,offsetX,offsetY);// 仅调整位置
          }
      }
      if(myPaintType==DRAWWITHPEN)// 随手画
      {
          if(flg_draw)
          {
              // ......
          }
          else if(flg_move)
          { // 将所有点做偏移
              QVector<QPoint>& lastLine = v_lines.last();
              // 最后添加的线条，就是最新画的
              for(int j=0; j<lastLine.size(); ++j)// 将线条的所有点做偏移
              {
                  int offsetX=currPos.x()-mp_begin.x();// 横向偏移
                  int offsetY=currPos.y()-mp_begin.y();// 纵向偏移
                  lastLine[j].setX(lastLine.at(j).x()+offsetX);
                  lastLine[j].setY(lastLine.at(j).y()+offsetY);
              }
          }
      }
  }
  update();// 重绘
}
```

**5. paintEvent() 绘制**

最后，我们来补充绘制的相关工作。在移动模式时，绘制的内容包括两部分：一部分是绘制除了最后一个图形之外的其他全部图形，另一部分是清空待移动图形的中间绘制结果，并绘制位置偏移后的最后一个图形。下面以直线和随手画为例给出 paintEvent()

绘制中实现的代码，其中的 rePaintShape() 函数是将前文介绍过的重绘图形操作封装而成的成员函数。

```
void MainWindow::paintEvent(QPaintEvent *)
{
   QPainter painter;// 实例化 QPainter
   painter.begin(this);
   painter.drawImage(this->rect(), m_image);// 将 m_image 画到窗体
   painter.end();
   if(flg_undo)// 撤销模式，重绘 v_shape 中的所有图形
   {// ……
   }
   else
   { //↓ 直线、矩形等鼠标划过的中间过程不应画在画布上
      if(flg_leftPressed && !flg_shapeDone)
      {
         if(myPaintType==MYLINE)// 画直线
         {
            if(flg_draw){// ……
            }
            else if (flg_move)
            {
               m_image.fill(Qt::white);// 清空原有图形
               painter.begin(this);
               painter.drawImage(this->rect(), m_image);// 将 m_image 画到窗体
               painter.end();

               rePaintShapes(painter,v_shape.size()-1);
            // 画出除最后一个之外的图形
               painter.begin(this);
               painter.setBrush(m_brush);// 使用画刷设置对话框的画笔属性
               painter.setPen(m_pen);// 使用画笔设置对话框的画笔属性
            // 由起始坐标和终止坐标绘制直线，此处是移动后的图形
               painter.drawLine(v_line.last().topLeft(), v_line.last().bottomRight());
```

```
                painter.end();
            }
        }
        if(myPaintType==DRAWWITHPEN)// 随手画
        {
            if(flg_draw)
            {// ……
            }
            else if(flg_move)
            {
                m_image.fill(Qt::white);// 清空原有图形
                painter.begin(this);
                painter.drawImage(this->rect(), m_image);// 将 m_image 画到窗体
                painter.end();
                rePaintShapes(painter,v_shape.size()-1);

                painter.begin(this);
                painter.setPen(v_pen.last());
                painter.setBrush(v_brush.last());
                //begin 画出随手画的所有线段
                QVector<QPoint> curveLine = v_lines.last();// 取出随手画曲线
                for(int j=0; j<curveLine.size()-1; ++j)// 将线条的所有线段描绘出
                {
                    painter.drawLine(curveLine.at(j), curveLine.at(j+1));
                }
                painter.end();
            }
        }
    }
    //↓ 释放鼠标后的操作
    if(!flg_leftPressed && !flg_shapeDone)
    {
    // 和释放书标签十分类似，只是将图形直接画在画布上，此处读者可自行补充
```

```
            flg_shapeDone=true;// 图形移动完成
            flg_move=false;// 一次移动结束
            unsetCursor();// 还原光标
        }
        update();
    }
}
```

至此，我们的图形移动功能也完成了。

### 5.3.3 图像的保存和打开

用户完成绘制后，会希望将其保存并关闭，以供以后重新打开。因此我们在“MyPicture”中增加了图像的保存（下面代码第 21 至 28 行）和打开（下面代码第 01 至 20 行）功能。使用到的头文件请根据 Qt Creator 提示自行添加。另外，这里打开图像时暂时按照静态图像展示，并且不仅可以打开自己绘制的图形，也可以打开其他图像，本例中打开一幅非自己绘制的图像。具体实现如下：

```
01 void MainWindow::openFile(){
02     QString fileName = QFileDialog::getOpenFileName(this,
03         tr("Load Image"), "",
04         tr("Images (*.png *.bmp *.jpg *.tif *.GIF);;All Files (*)"));
05     if (fileName.isEmpty()) {
06         return;
07     }
08     QImageReader reader(fileName);
09     const QImage newImage = reader.read();
10     if (newImage.isNull()) {
11         QMessageBox::information(this, QGuiApplication::applicationDisplayName(),
12             tr("Cannot load %1: %2")
13             .arg(QDir::toNativeSeparators(fileName), reader.errorString()));
14         return;
15     }
16     // 静态展示图片
17     QPainter painter(&m_image);
```

```
    QRectF target(0,60, newImage.size().width(), newImage.size().height());
     painter.drawImage(target,newImage);
}
void MainWindow::saveFile(){
    QString fileName = QFileDialog::getSaveFileName(this,
            tr("Save Image"), "",
            tr("Images (*.png *.bmp *.jpg *.tif *.ppm *.GIF);;All Files (*)"));
    if (fileName.isEmpty()) {
        return;
    }
    m_image.save(fileName);
}
```

运行我们的“MyPicture”，打开一张图片，这时图片就显示在画布上了，如图 5-13 所示。

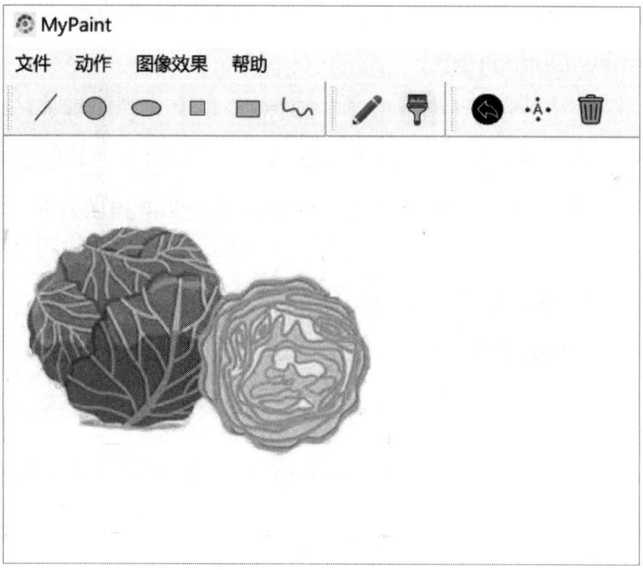


图 5-13　打开一张图片

## 5.3.4　图像处理功能的实现

接下来，我们对打开的图形进行一些图像处理的工作。在 5.3.3 节中，打开的图像以绘图的方式绘制在画布上，为了方便进行增加图像效果，本节中将修改图像显示在 QLabel 控件上。因此首先修改 openFile() 函数的函数体。

```
void MainWindow::openFile(){
  QString fileName = QFileDialog::getOpenFileName(this, tr("Load Image"), "",
            tr("Images (*.png *.bmp *.jpg *.tif *.GIF);;All Files (*)"));
  // 弹出文件对话框，并将文件类型设定为图像类型
  if (fileName.isEmpty()) {
    return;// 如果文件名为空，什么也不做，直接返回
  }
  QImageReader reader(fileName);// 格式独立接口，将来用来读入图像
  newImage = reader.read();// 读取
  if (newImage.isNull()) {// 如果读取不成功
   QMessageBox::information(this, QGuiApplication:: applicationDisplayName () ,
    tr("Cannot load %1: %2").arg(QDir::toNativeSeparators (fileName),
    reader.errorString())); // 提示不能正确打开
    return;
  }
  tmpImage=newImage;// 将读入的图像存一个名为 tmpImage 的副本
  lbl_image=new QLabel(this);// 实例化标签
  lbl_image->setGeometry(QRect(0,60,800,600-60));// 设定标签的位置和大小
  lbl_image->setAlignment(Qt::AlignLeft|Qt::AlignTop);// 设定为左上角对齐
  lbl_image->setPixmap(QPixmap::fromImage(newImage));// 将所读图像设置到标签上
  lbl_image->show();// 显示图像
  flg_openImage=true;// 打开文件模式设置为真
}
```

接着补充 QAction 和槽函数的连接。请在 mainwindow.h 中自行补充下面代码中的 8 个槽函数。

```
// 连接效果槽函数
// 点击放大，连接 scaleUpImage() 函数
connect(scaleL_act,SIGNAL(triggered()),this,SLOT(scaleUpImage()));
// 点击缩小，连接 scaleDownImage() 函数
connect(scaleS_act,SIGNAL(triggered()),this,SLOT(scaleDownImage()));
// 点击变形，连接 shearImage() 函数
```

```
connect(shear_act,SIGNAL(triggered()),this,SLOT(shearImage()));
// 点击模糊，连接 blurImage() 函数
connect(blur_act,SIGNAL(triggered()),this,SLOT(blurImage()));
// 点击着色，连接 colorizeImage() 函数
connect(colorize_act,SIGNAL(triggered()),this,SLOT(colorizeImage()));
// 点击透明，连接 opacityImage() 函数
connect(opacity_act,SIGNAL(triggered()),this,SLOT(opacityImage()));
// 点击阴影，连接 shadowImage() 函数
connect(shadow_act,SIGNAL(triggered()),this,SLOT(shadowImage()));
// 点击原图，连接 rawImage() 函数
 connect(raw_act,SIGNAL(triggered()),this,SLOT(rawImage()));
```

当用户触发“图像效果”的“缩小”子菜单时，首先需要检测是不是图像处理模式，如果还在绘图模式，则提示用户。当处于图像处理模式时，设定缩小系数，计算缩小后图像的尺寸，并将图像缩小，最后将缩小后的图像显示在 QLabel 上。

```
void MainWindow::scaleDownImage()
{
  if(flg_draw)
  {// 如果是绘图模式，不能直接增加图形效果
  QMessageBox::critical(this,tr(" 注意："),
  tr(" 只能在打开图片之后处理图像，请先存储图像 !"));// 提示错误
     return;
  }
  scaleIDX=0.8;// 缩小系数
  int widthN=scaleIDX*tmpImage.width();// 缩小后的图像宽度
  int heightN=scaleIDX*tmpImage.height();// 缩小后的图像高度
  tmpImage=newImage.scaled(widthN,heightN,Qt::KeepAspectRatio,
                 Qt::SmoothTransformation);
      // 按照新的高度和宽度调整图像的大小
  lbl_image->setPixmap(QPixmap::fromImage(tmpImage));// 将图像显示在 QLabel 上
}
```

当用户触发“图像效果”的“放大”子菜单时，首先需要检测是不是图像处理模式，如果还在绘图模式，则提示用户。当处于图像处理模式时，设定放大系数，计算放大后

图像的尺寸，并将图像放大，最后将放大后的图像显示在 QLabel 上。

```
void MainWindow::scaleUpImage()
{
   if(flg_draw)
   {// 如果是绘图模式，不能直接增加图形效果
      QMessageBox::critical(this,tr(" 注意："),
      tr(" 只能在打开图片之后处理图像，请先存储图像 !"));// 提示错误
      return;
   }
   scaleIDX=1.2;// 将缩放系数设置为 1.2
   int widthN=scaleIDX*tmpImage.width();// 计算放大后图像宽度
   int heightN=scaleIDX*tmpImage.height();// 计算放大后图像高度
  tmpImage=newImage.scaled(widthN,heightN,Qt::KeepAspectRatio,
       Qt:: SmoothTransformation);
  // // 按照新的高度和宽度调整图像的大小
  lbl_image->setPixmap(QPixmap::fromImage(tmpImage));// 将图像显示在 QLabel 上
}
```

当用户触发“图像效果”的“变形”子菜单时，首先需要检测是不是图像处理模式，如果还在绘图模式，则提示用户。当处于图像处理模式时，设定变形参数，对图像实施变形操作，并将变形后的图像显示在 QLabel 上。代码中使用到的 QTransform 类是一个为 2D 坐标系提供坐标转化的类。它可以通过与变换矩阵运算实现平移、缩放、剪切、旋转或投影坐标系转换等。这里提到的变换矩阵是一个 3×3 的 QMatrix 矩阵。QTransform 也可以使用已有成员函数 setMatrix(), scale(), rotate(), translate(), shear() 等来实现矩阵设定、平移、旋转等。

```
void MainWindow::shearImage()
{
   if(flg_draw)
   {// 如果是绘图模式，不能直接增加图形效果
      QMessageBox::critical(this,tr(" 注意："),
      tr(" 只能在打开图片之后处理图像，请先存储图像 !"));// 提示错误
      return;
   }
```

```
    QTransform m;// 实例化变换矩阵
    m.shear(0.5,0.5);// 设置变形矩阵的变形参数
    tmpImage=tmpImage.transformed(m,Qt::SmoothTransformation);// 实施变形
    lbl_image->setPixmap(QPixmap::fromImage(tmpImage));// 显示变形后的图像
}
```

当用户触发“图像效果”的“模糊”子菜单时，首先需要检测是不是图像处理模式，如果还在绘图模式，则提示用户。当处于图像处理模式时，实例化 QGraphicsBlurEffect 模糊效果，设定模糊值，最后将效果应用在 QLabel 上即可。类 QGraphicsBlurEffect 的相关接口主要有如下两个：一个是通过 setBlurHints() 对模糊性能和模糊质量进行折中，另一个是通过 setBlurRadius() 设置模糊半径，半径越大，模糊效果越明显，默认为 5。

```
void MainWindow::blurImage(){
    if(flg_draw)
    {// 如果是绘图模式，不能直接增加图形效果
        QMessageBox::critical(this,tr(" 注意："),
        tr(" 只能在打开图片之后处理图像，请先存储图像 !"));// 提示错误
        return;
    }
    lbl_image->setPixmap(QPixmap::fromImage(tmpImage));// 显示图片
    QGraphicsBlurEffect *effect = new QGraphicsBlurEffect(this); // 实例化模糊效果
    effect->setBlurRadius(5);// 设置模糊半径，值越大效果越明显
    lbl_image->setGraphicsEffect(effect);// 将效果应用在 QLabel 上
}
```

当用户触发“图像效果”的“着色”子菜单时，首先需要检测是不是图像处理模式，如果还在绘图模式，则提示用户。当处于图像处理模式时，实例化 QGraphicsColorizeEffect 着色效果，设定颜色，最后将效果应用在 QLabel 上即可。

```
void MainWindow::colorizeImage(){
    if(flg_draw)
    {// 如果是绘图模式，不能直接增加图形效果
        QMessageBox::critical(this,tr(" 注意："),
        tr(" 只能在打开图片之后处理图像，请先存储图像 !"));// 提示错误
        return;
```

```
    }
    lbl_image->setPixmap(QPixmap::fromImage(tmpImage));// 显示图片
    // 实例化着色效果
    QGraphicsColorizeEffect *effect = new QGraphicsColorizeEffect(this);
    effect->setColor(QColor(0,0,192));// 设定颜色值
    lbl_image->setGraphicsEffect(effect);// 将效果应用在 QLabel 上
}
```

当用户触发“图像效果”的“透明”子菜单时，首先需要检测是不是图像处理模式，如果还在绘图模式，则提示用户。当处于图像处理模式时，实例化 QGraphicsOpacityEffect 透明效果，设定透明程度，最后将效果应用在 QLabel 上即可。

```
void MainWindow::opacityImage(){
    if(flg_draw)
    {// 如果是绘图模式，不能直接增加图形效果
        QMessageBox::critical(this,tr(" 注意："),
        tr(" 只能在打开图片之后处理图像，请先存储图像 !"));// 提示错误
        return;
    }
    lbl_image->setPixmap(QPixmap::fromImage(tmpImage));// 显示图片
    // 实例化透明效果
    QGraphicsOpacityEffect *effect = new QGraphicsOpacityEffect(this);
    effect->setOpacity(0.5);// 设定透明值
    lbl_image->setGraphicsEffect(effect);// 将效果应用在 QLabel 上
}
```

当用户触发“图像效果”的“阴影”子菜单时，首先需要检测是不是图像处理模式，如果还在绘图模式，则提示用户。当处于图像处理模式时，实例化 QGraphicsDropShadowEffect 阴影效果，设定阴影的大小，最后将效果应用在 QLabel 上即可。

```
void MainWindow::shadowImage(){
    if(flg_draw)
    {// 如果是绘图模式，不能直接增加图形效果
        QMessageBox::critical(this,tr(" 注意："),
        tr(" 只能在打开图片之后处理图像，请先存储图像 !"));// 提示错误
```

```
        return;
    }
    lbl_image->setPixmap(QPixmap::fromImage(tmpImage));// 显示图片
    // 实例化阴影效果
    QGraphicsDropShadowEffect *effect = new QGraphicsDropShadowEffect(this);
     effect->setOffset(10,10);// 设定阴影大小为 10 个像素
    lbl_image->setGraphicsEffect(effect);// 将效果应用在 QLabel 上
}
```

最后，需要考虑如果不喜欢图像效果，需要回到原图状态，因此在 rawImage() 槽函数中需要将原图 newImage 作为图像重现展现出来。

```
void MainWindow::rawImage(){
    if(flg_openImage){
        lbl_image->setPixmap(QPixmap::fromImage(newImage));
    tmpImage=newImage;// 再处理图像，将从原图开始
    }
}
```

这时运行程序，将可以对打开的图像进行缩放操作和增加图像效果。图 5-14 中（a）~（h）分别展示了原图、放大效果、缩小效果、变形效果、模糊效果、着色效果、透明效果和阴影效果。

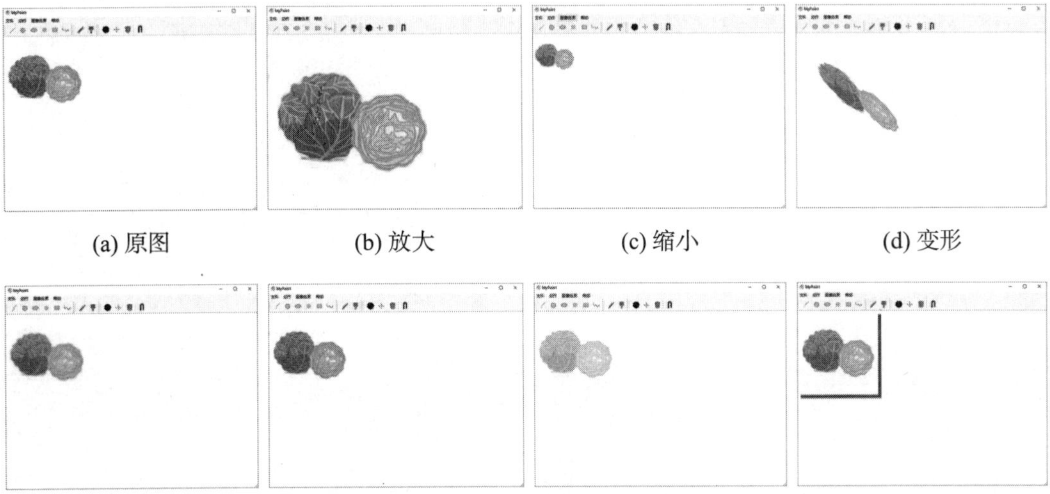

(a) 原图　(b) 放大　(c) 缩小　(d) 变形

(e) 模糊　(f) 着色　(g) 透明　(h) 阴影

**图 5-14　图像处理的效果**

## 5.4 思考与练习

1. 完成“5.3.2.2 鼠标绘制图形”中的绘制图形功能，完成矩形绘制、椭圆形绘制和随手画功能。

2. 完成“5.3.2.3 图形的撤销”中的存储图形功能，完成矩形、椭圆形和随手画的存储。

3. 完成“5.3.2.4 图形的移动”中圆形、椭圆形、矩形、正方形图形的 paintEvent() 绘制。

4. 完成本章中的“MyPicture”项目，思考该项目还有哪些可以优化的地方。

# 第 6 章　网络聊天室

**本章学习目标**

- 了解计算机通信的基本模式。
- 了解 Qt 开发框架中的网络通信相关类的作用及使用方法。
- 理解网络开发中服务器端和客户端通信的基本原理。
- 通过实例，熟练掌握系统设计和系统实现的流程。
- 学会多个客户端之间通信的调试。

本章通过设计一款**“网络聊天室”**应用程序熟悉 Qt 网络开发。该应用实现了基于服务器端和客户端的单聊、群聊等功能，该实例基于 C/S 模式构建，能够帮助打下网络通信开发的坚实基础。本章将首先介绍 C/S 模式网络通信的原理，然后介绍 Qt 中的网络通信常见类，分别实现“网络聊天室”的服务器端和客户端。

## 6.1　计算机网络通信的基本原理

### 6.1.1　C/S 模式下的计算机通信

计算机之间通信的一种重要模式是 C/S（客户 / 服务器）模式。在这种模式中，请求服务的一方被称为客户（client），提供某种服务的一方被称为服务器（server）。客户之间传递信息需要服务器进行中转，因此，可以将对这种通信模式的理解重点放在服务器和客户端之间的通信上。很多通过网络进行通信的应用程序都使用这样的原则和功能来通信。

在 C/S 模式下，客户之间通过服务器进行数据交换，因此有必要首先理解客户端和服务器之间的通信。服务器一般由高性能计算机组成，其上的一个应用程序 S 会等待客户端的请求通信连接，亦即服务器端应用程序 S 正在侦听连接请求，这很像基站等待移动电话用户拨号的过程。假设一个运行在客户端的应用程序 C1 想与运行在另一台计算机上（当然也可以在同一台计算机上）的应用程序 C2 交换数据，那么 C1 首先会试图同 S 连接，类似于移动电话通过基站实现向某人打电话。首先 C1 需要知道被叫方 S 的电话号码，当 C1 拨了电话号码，它希望要找的 S 正在电话线的另外一头等接电话。也就是说，试图连接到服务器端应用程序 S 的客户端程序 C1 必须知道 S 所在的网络位置或网络地址，以便和 S 建立连接。

一旦两个应用程序间建立了连接，它们之间就可以相互发送和接收消息了，这个连接是双向的，即双方都可以发送和接收消息。如果一方或双方完成了对话，连接即被关闭。如果连接由一方关闭，另一方就会检测并关闭自己这一方。图 6-1 就是在两个或多个应用程序间进行网络通信的基本工作原理。

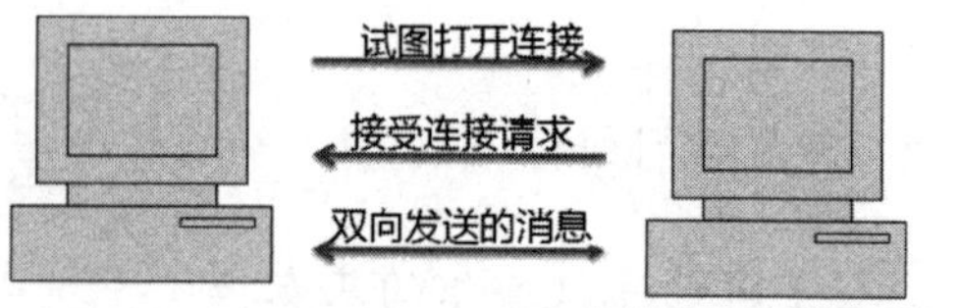


图 6-1　C/S 模式网络通信的基本工作原理

注意：这是对基于 TCP/IP 协议（因特网上的主要网络协议）的网络通信的工作原理的基本描述，是一种面向连接的网络通信。其他协议如 UDP 协议会有一些改变，遵循 UDP 协议的两个应用程序间没有连接；如果一个应用程序发送了消息，会由接收端的应用程序负责收取所有消息。

通过上面的分析，我们不难理解一个完整的网络应用程序包括客户端和服务器两个部分。客户与服务器进程的作用是非对称的，因此编码不同。服务进程一般是等待客户请求而启动的，只要系统运行，该服务进程就一直存在，直到终止或强迫终止。

## 6.1.2　IP 地址、端口和套接字

正如前面的描述，客户端和服务器端进行通信时必须明确以下两点：一是信息收发双方是谁，即需要唯一的标识（IP 地址）作为计算机的 ID；二是信息收发双方（两台计算机）可能同时运行着多个程序（进程），必须指示一方的什么进程将信息发送到接收端的什么进程，进程由端口号标识。

### 6.1.2.1　IP 地址

Internet 上的每台主机（Host）都有一个唯一的 IP 地址。IP 协议就是使用这个地址在主机之间传递信息，这是 Internet 能够运行的基础。IP 地址（这里指 IPv4 版本）的长度为 32 位，分为 4 段，每段 8 位，用十进制数字表示，每段数字范围为 0 ～ 255，段与段之间用句点隔开，例如 159.226.1.1。IP 地址由两部分组成，一部分为网络地址，另一部分为主机地址。IP 地址分为 A、B、C、D、E5 类，常用的是 B 和 C 两类。

#### 6.1.2.2　端口

端口是进程间的通信标识（相当于邮箱），每个端口都拥有一个叫端口号的整数描述符，每个端口号只对应主机上的一个进程。在 TCP/IP 传输层，定义一个 16Bit 长度的整数作为端口标识，即端口号取值范围：0 ～ 65535（整数）。端口根据其对应的协议或应用不同，被分配了不同的端口号。由于 TCP/IP 传输层的 TCP 和 UDP 两个协议是两个完全独立的软件模块，因此各自的端口号也相互独立，即各自可拥有 216 个独立端口。

#### 6.1.2.3　套接字

实现端对端连接时需要用到两种标识符：IP 地址（哪台主机）、端口号（哪个进程）。这两种标识符的组合被称为“套接字地址”，亦即 Socket。套接字如图 6–2 所示。TCP 和 UDP 都使用套接字。发送套接字＝源 IP 地址＋源端口号；接收套接字＝目的 IP 地址＋目的端口号。

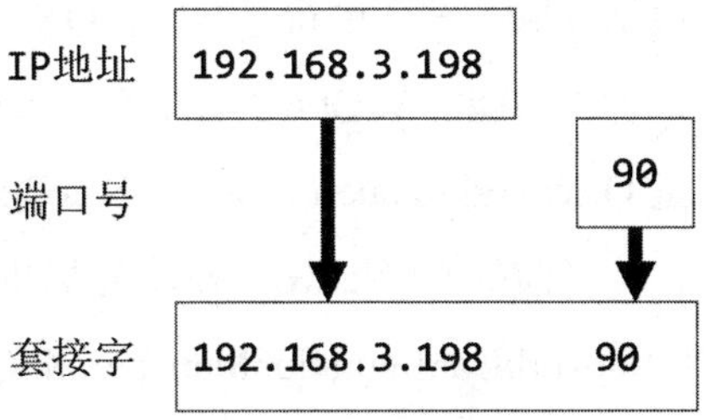


**图 6–2　套接字示意图**

套接字是一个通信终结点，它是 Sockets 应用程序用来在网络上发送或接收数据包的对象。套接字具有类型，与正在运行的进程相关联，并且可以有名称。目前，套接字一般只与使用网际协议组的同一“通信域”中的其他套接字交换数据。使用套接字的应用程序间通信模型如图 6–3 所示。

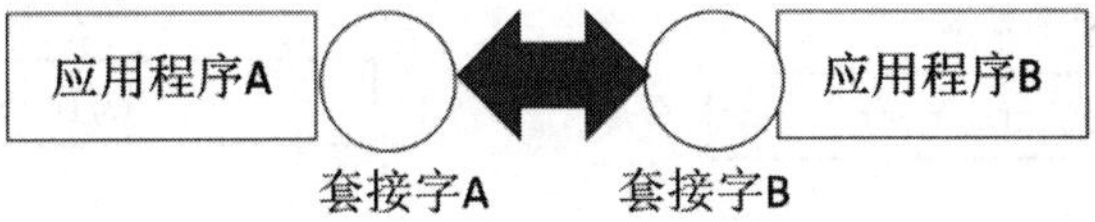


**图 6–3　套接字通信模型**

综上所述，一个完整的网络通信需要一个五元组来标识：协议、源 IP 地址、源端口号、目的 IP 地址、目的端口号。

### 6.1.3　Qt 中的网络通信

#### 6.1.3.1　Qt 网络模块

想要编写基于 TCP/IP 协议族的客户端（clients）和服务器端（servers）的程序，可以在 Qt 中使用 Qt Network 模块提供的类实现。其中包含一些网络传输层的类，例如 QTcpSocket（基于 TCP 的套接字）、QTcpServer（基于 TCP 的服务器）和 QUdpSocket（基于 UDP 的套接字）。QTcpSocket 用于建立 TCP 连接和传输数据流，QUdpSocket 用于建立 UDP 连接和传输数据流。QAbstractSocket 是 QTcpSocket 和 QUdpSocket 的基类，包含这两个类的所有公共功能。QTcpServer 类允许接收传入的 TCP 连接，可以在程序中指定端口或让 QTcpServer 自动选择一个端口，以监听特定地址或机器的所有地址。

除此之外，Qt Network 模块也提供常见的网络操作类，例如 QNetworkRequest、QNetworkReply 和 QNetworkAccessManager。如果想实现 GET 请求或 Post 请求，可以先构造一个 QNetworkAccessManager 对象，QNetworkAccessManager 对象提供了发送 QNetworkRequest 网络请求和接收 QNetworkReply 网络回复的功能。QNetworkRequest 提供了对网络请求的封装，QNetworkReply 类对象则可以取得网络通信的详细信息，可以进行数据读取、进度更新等操作。QNetworkAccessManager 还提供了缓存和 Cookie 管理、代理设置等功能。从 Qt 6 开始，QNetworkAccessManager 发出请求时将使用的默认重定向策略是 QNetworkRequest :: NoLessSafeRedirectPolicy（该策略禁止从“https”重定向到“http”）。

早前的 Qt Network 模块还提供其他的类用于承载管理，例如 QNetworkConfiguration、QNetworkConfigurationManager 和 QNetworkSession。不过在 Qt6 版本中，承载管理已经被移除。

QByteArray 类提供一个字节数组，QByteArray 可用于存储原始字节（包括“\ 0”）和传统的 8 位“\ 0”端接字符串。

#### 6.1.3.2 Qt TCP/UDP 网络通信原理

假设两台主机要进行面向连接的 C/S 模式通信，应遵循如图 6-4 所示的通信过程。

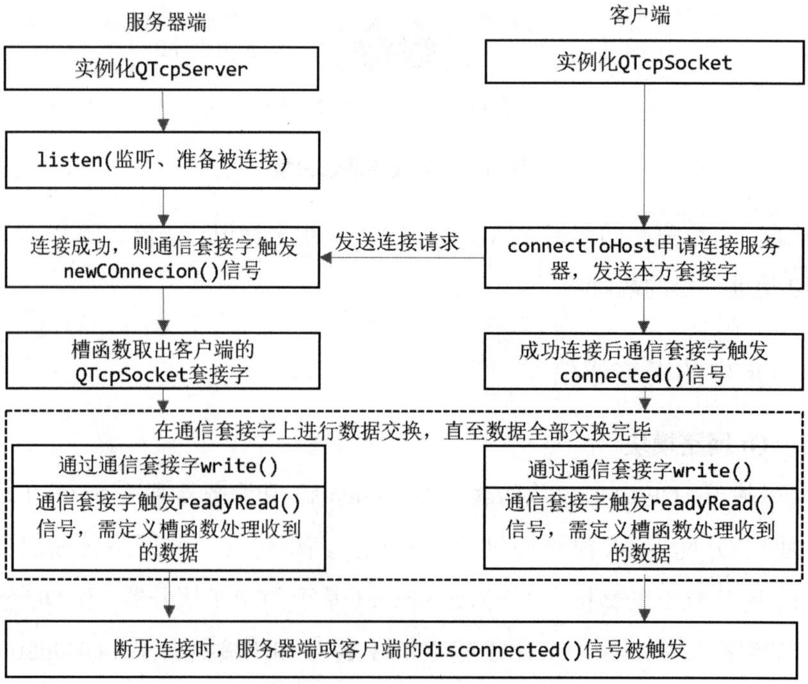


**图 6-4　Qt 中服务器端和客户端通信原理示意图**

在服务器端首先需要实例化 QTCpServer，该实例将会成为一个具体的服务器对象，该对象用于接收客户端发来的 TCP 连接请求。服务器的端口可以指定也可以由 QTcpServer 类自动选定一个。之后就可以通过该服务器进行监听了。监听时通过 listen() 函数通知服务器监听到的地址和端口号。如果端口号为 0，表示自动选择端口。这里的地址可以是一个特定的地址；当地址是 QHostAddress::Any 时，则表示监听所有主机地址了。当客户端请求连接成功时，服务器端会触发 newConnection() 信号。这时服务器端将会为该客户端建立一个新连接，将新的连接追加到客户端列表中，并获取客户端的 QTcpSocket 套接字，供后续使用。

客户端为了连接到服务器端，需要调用 connectToHost 函数。该函数的作用是尝试通过指定的端口连接到主机（这里指服务器），如果需要可以通过函数参数指定通信协议，如指定为 IPv4 或 IPv6。一旦连接成功，connected() 信号会被发射。

双方建立好连接后，就可以在通信套接字上进行数据交换，直至数据全部交换完毕。数据交换分为两类 : 读和写。write() 函数是一个重载函数，其作用是将以零结尾的 8 位字符字符串写入设备（QTcpSocket 是 QIODevice 的子类）。一旦有可读取的数据，通信套接字就会触发 readyRead() 信号，接收方就可以通过自定义槽函数，定义对接收到的数据的处理操作了。

任何一方断开连接时，disconnected() 信号都会被触发。

需要注意的是，在网络编程中，QTcpSocket 支持以下两种访问方式：

（1）异步（非阻塞）访问。异步方式通过 QTcpSocket 的信号与槽实现，比如当我们调用 connectToHost() 连接服务器时，此时并非立即连接成功，所以我们需要等待 connected() 信号触发后，才知道是否连接成功，当然也可以通过信号 error() 来处理与服务器的连接发生错误的异常事件。

（2）同步（阻塞）访问。通过 waitFor() 函数实现阻塞，最好使用多线程实现，否则会导致界面进入阻塞。

## 6.2 “网络聊天室”系统设计

### 6.2.1　功能描述

由于基于 TCP 协议的聊天至少需要服务器端和客户端两个应用程序，因此本实例中的功能需求需要从两个“端”分别说明。

服务器端的功能应该包括：

（1）服务器开关类功能：获取当前主机 IP 地址及端口、开启服务器、关闭服务器。

（2）消息收发类功能：

- 接收到客户信令消息，则实现用户的进入或离开；
- 接收到客户的目标客户及信息（message），则实现单目标转发；
- 接收到客户要求群发信息，则实现遍历用户并群发。

（3）消息显示类功能：

- 显示接收到的客户信令消息；
- 显示接收到的客户的待发送信息（message）；
- 显示服务器的运行状态。

（4）成员管理类：

- 维护所有用户的信息表，包括套接字列表和用户名列表；
- 当有用户进入或离开聊天室时，向所有聊天成员发送更新后的用户列表。

客户端的功能应该包括：

（1）网络连接类（进入与离开）：

- 当客户选择进入聊天室时，建立与服务器端的连接；
- 当客户选择退出聊天室时，断开与服务器端的连接。

（2）成员显示类：显示所有在线成员名单。

（3）信息显示类：

- 双方单聊信息的显示；
- 任何一个客户端群发信息的显示。

（4）信息输入与发送：

- 单聊与群聊选择：单聊时在用户列表中单击目标客户用户名，实现单聊对象的选择；群聊时，发送给除自己之外的所有在线成员。
- 本方用户名的设置；
- 本方消息的撰写，及发送至服务器端。

### 6.2.2 主窗口设计

根据上面的功能需求，本实例中有两个应用程序界面，如图 6–5 所示。图（a）表示服务器端的界面，图（b）表示客户端的界面设计。

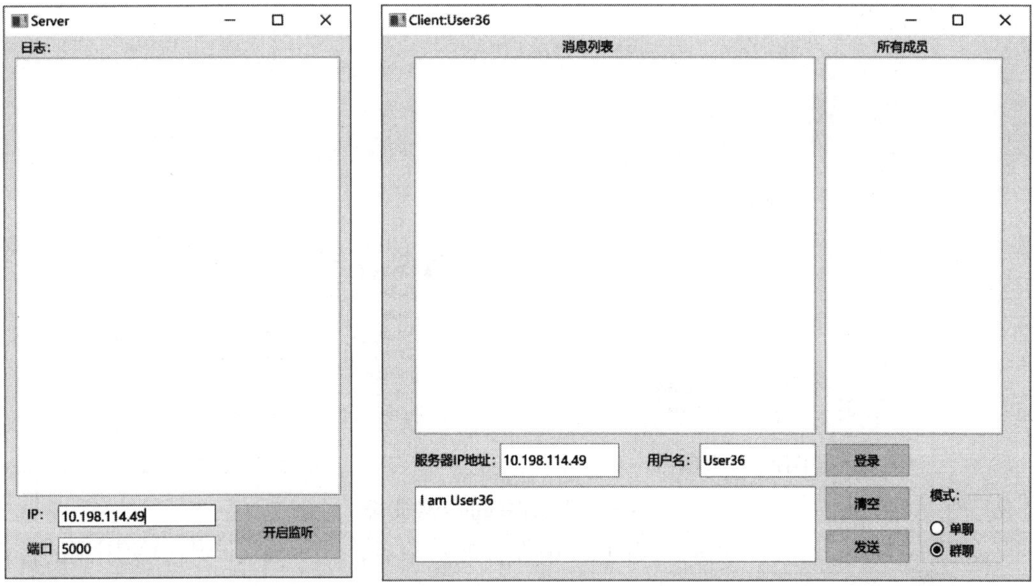


(a) 服务器端界面　　　　　　　　　　(b) 客户端界面

**图 6–5　“聊天室”服务器端与客户端的界面**

在服务器端，当打开服务器端的可执行文件时，本机的 IP 地址和预计使用的端口号均直接呈现在 UI 中，服务器后续的监听中会使用这个 IP 地址和端口号作为服务器的套接字；当用户点击“开始监听”按钮时，代表服务器开启即开始监听，之后将“开始监听”按钮的文字修改为“停止监听”以表示下一次点击将关闭服务器。“日志”中将展示所有的进入、离开、消息发送记录。

在客户端，需要指定服务器的地址并随机分配端口号。消息列表中将展示与当前用户有关的消息，“所有成员”中将展示所有在线成员。当用户在下方消息框中输入消息，并点击“发送”按钮时，将发送该消息。“清空”按钮将清空消息框中的内容。客户端还可以通过选择“单聊”或“多聊”进行聊天模式的切换。

## 6.3 “网络聊天室”的实现

### 6.3.1　主窗口 UI 的实现

首先，建立两个基于 widget 类的项目。一个命名为 MyChatServer，对应服务器端项目；另一个命名为 MyChatroom，对应客户端项目。分别在两个项目中建立服务器端和客户端的 UI 界面。如图 6–6 所示，(a) 为服务器端的 UI 中控件的对象名，(b) 为服务器中使用到的控件名及其类名的对应关系。

(a) UI 中控件的对象名

| 对象 | 类 |
|---|---|
| Widget | QWidget |
| label | QLabel |
| label_2 | QLabel |
| label_5 | QLabel |
| listWidget_info | QListWidget |
| lnEdt_ServerIP | QLineEdit |
| lnEdt_ServerPort | QLineEdit |
| pBtn_start | QPushButton |

(b) 控件名及其类名

**图 6-6　服务器端的控件安排**

如图 6-7 所示，（a）为客户端的 UI 中控件的对象名，（b）为客户端中使用到的控件名及其类名的对应关系。

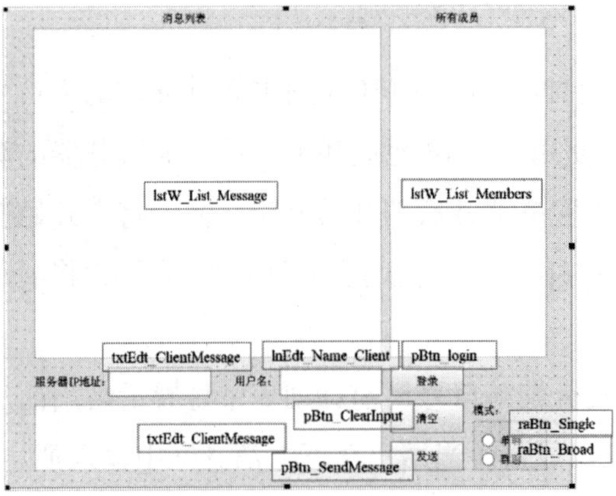


(a) UI 中控件的对象名

| 对象 | 类 |
|---|---|
| Widget | QWidget |
| groupBox | QGroupBox |
| raBtn_Broad | QRadioButton |
| raBtn_Single | QRadioButton |
| label | QLabel |
| label_2 | QLabel |
| label_4 | QLabel |
| label_5 | QLabel |
| lnEdt_IP_Sever | QLineEdit |
| lnEdt_Name_Client | QLineEdit |
| lstW_List_Members | QListWidget |
| lstW_List_Message | QListWidget |
| pBtn_ClearInput | QPushButton |
| pBtn_SendMessage | QPushButton |
| pBtn_login | QPushButton |
| txtEdt_ClientMessage | QTextEdit |
| btnGrp_SorB | QButtonGroup |

(b) 控件名及其类名

**图 6-7　客户器端的控件安排**

本例中没有设计使用菜单栏和工具栏，也就无须设计对应的 Action，因此 UI 的实现只需要在 Widget 的构造函数中进行窗口和控件的初始化设置即可。

服务器端的设置包括：窗口标题设置，将 listWidget_info 设置为自动换行。

客户端的设置包括：设置 txtEdt_ClientMessage 可以自动换行；设置单聊、群聊单选框的初始选择；为了调试方便，将用户名设置为“Client+ 随机数”，并将窗口标题设置为此用户名，将 lnEdt_Name_Client 也设置为该用户名，并且在 txtEdt_ClientMessage 中设置一条如“I am I am User54”的默认消息。注意，这样做仅仅是为了方便测试功能，读者也可以不预设用户名，每次由使用者输入用户名。

上述设置对应的代码如下：

```
//MyChatServer 项目中 widget.cpp
Widget::Widget(QWidget *parent)
    : QWidget(parent)
    , ui(new Ui::Widget)
{
    ui->setupUi(this);
    this->setWindowTitle(“Server”);
    ui->listWidget_info->setWordWrap(true);
// …
}
```

```
//MyChatRoom 项目中 widget.cpp
Widget::Widget(QWidget *parent)
    : QWidget(parent)
    , ui(new Ui::Widget)
{
    ui->setupUi(this);
    ui->lstW_List_Message->setWordWrap(true);// 消息列表设置为可以换行
    // 可以在单词结束处换行或任何适合的位置换行
    ui->txtEdt_ClientMessage->setWordWrapMode(
        QTextOption:: WrapAtWordBoundaryOrAnywhere);
    /* 设置单选框初始状态 */
    ui->btnGrp_SorB->setId(ui->raBtn_Single,0);
    ui->btnGrp_SorB->setId(ui->raBtn_Broad,1);
    ui->raBtn_Broad->setChecked(true);
    /* 加一些默认信息，方便调试 */
    int randomCode = QRandomGenerator::global()->bounded(100);
    QString strTemp=”User”+QString::number(randomCode);
    this->setWindowTitle(“Client:”+strTemp);
    ui->lnEdt_Name_Client->setText(strTemp);
    ui->txtEdt_ClientMessage->setText(“I am “+strTemp);
// …
}
```

UI 已经准备就绪了，接下来将在 6.3.2 节和 6.3.3 节中分别介绍服务器端和客户端功能的实现。

## 6.3.2 服务器端功能实现

### 6.3.2.1 服务器端套接字准备

服务器端程序的运行，需要实例化 QTcpServer，并设定该服务器的最大连接数（客户端用户数）。服务器在监听前，还需要确认自身的 IP 地址和端口号。因此要获取到本机地址，作为服务器套接字的 IP 地址；并且设定本例中监听时使用固定的端口号为 5000。最后将 IP 地址和端口号显示在 UI 的 lnEdt_ServerIP 和 lnEdt_ServerPort 中（下面代码第 15 和 16 行）。

```
//MyChatServer 项目中 widget.h
#include <QTcpServer>
// ……
private:
QTcpServer* m_server; // 服务器的指针
QHostAddress m_ip_Server; // 服务器 IP 地址
```

```
01 //MyChatServer 项目中 widget.cpp, Widget 的构造函数中
02    m_server=new QTcpServer(this);
03    m_server->setMaxPendingConnections(50);// 最多连接 50 个用户
04    /* 获得当前 IP 地址，显示在 UI*/
05    QList<QHostAddress> ipList = QNetworkInterface::allAddresses();
06    for(int i = 0;i<ipList.size();i++)
07    {
08       if(ipList.at(i).isNull())   continue;  // 如果地址为空，则去掉
09       QAbstractSocket::NetworkLayerProtocol protocol = ipList.at(i).protocol();
10       if(protocol != QAbstractSocket::IPv4Protocol)
11          continue;          // 只取 IPV4 的地址
12       m_ip_Server=ipList.at(i);
13       break;
14    }
15    ui->lnEdt_ServerIP->setText(QString(m_ip_Server.toString()));
16    ui->lnEdt_ServerPort->setText(QString(“5000”));
```

#### 6.3.2.2　服务器端监听

当点击“开始监听”按钮时，触发对应的 startServer() 槽函数（声明于 MyChatServer 项目中 widget.h 第 12 行）。该槽函数的主要任务是进入监听状态，并记录服务器的运行时间和运行情况。因此，MyChatServer 项目 widget.cpp 中 startServer() 函数的实现，首先获取当前的系统时间，然后判断服务器所处的状态。如果服务器已经处于监听状态，则表示使用者希望关闭服务器，这是停止监听，并断开所有与客户的连接，最后将按钮的显示修改为“开始监听”；如果服务器之前还没有处于监听状态，则监听任何 IPv4 地址的连接，将按钮的显示修改为“停止监听”。为此，还需要一个声明两个列表存储连接至服务器端的客户端信息，一个是客户端用户名的列表 m_List_Names，这是一个字符串列表；另一个是客户端的套接字列表 m_List_Clients，这是一个 QList<QTcpSocket*> 列表。

当处于监听状态时，服务器端会处于等待状态，当客户端请求连接成功时，服务器端会触发 newConnection() 信号，此时就可以调用相应的槽函数 buildNewConnection() 处理连接的建立（MyChatServer 项目中 widget.cpp 的第 4 行）。

```
01 //MyChatServer 项目中 widget.h
02 #include <QHostInfo>
03 #include <QDateTime>
04 #include <QMessageBox>
05 #include <QTcpSocket>
06 #include <QNetworkProxy>
07 // ……
08 private:
09     QList<QTcpSocket*> m_List_Clients;// 用户 Socket 列表
10     QStringList* m_List_Names;// 用户名列表
11 private slots:
12     void startServer();
```

```
01 //MyChatServer 项目中 widget.cpp
02 Widget::Widget(QWidget *parent)
03     : QWidget(parent)
04     , ui(new Ui::Widget)
05 {
06     m_List_Names =new QStringList;
```

```
    connect(ui->pBtn_start,SIGNAL(clicked()),this,SLOT(startServer()));
}
void Widget::startServer(){
    /* 获得当前系统时间，将会显示在 UI*/
    QDateTime current_date_time =QDateTime::currentDateTime();
    QString current_date =current_date_time.toString(Qt::ISODate);

    if(m_server->isListening()) {
        // 之前已经在监听，用户再次点击则表示停止监听
        // 停止服务
        m_server->close();// 停止监听
        for(QTcpSocket * socket:m_List_Clients)
        { // 断开与客户端的连接
            socket->disconnectFromHost();// 关闭套接字
            if(socket->state()!=QAbstractSocket::UnconnectedState){
                socket->abort();// 如果没关掉，立即切断当前连接并 reset 套接字
            }
        }// 客户端列表会被直接清空
        m_List_Names->clear();// 接着将名字列表清空
        ui->listWidget_info->addItem(“ 服务器关闭于 ”+current_date);
        ui->pBtn_start->setText(“ 开启监听 ”);
    }
    else {
if(m_server->listen(QHostAddress::AnyIPv4,ui->lnEdt_ServerPort->text().toUInt()))
{
            ui->listWidget_info->addItem(“ 服务器开启于 ”+current_date);
            ui->pBtn_start->setText(“ 停止监听 ”);
        }
        else{
            QMessageBox::warning(this,” 监听错误 !”,m_server->errorString());
        }
 }
```

```
    // 如果接到客户端请求，重新建立一个新的网络连接
    connect(m_server, SIGNAL(newConnection()),this,SLOT(buildNewConnection()));
}
```

#### 6.3.2.3　服务器处理客户端连接请求

当客户端请求连接成功时，buildNewConnection() 函数首先要将连接成功的客户端追加到客户端列表中（第 06 和 07 行），然后通过此连接（m_Client）获取客户端的 IP 地址和端口号（第 09 和 10 行），在 UI 的 listWidget_info 中记录用户的连接（第 11 行）。此时就可以等待接收新的消息。如果客户端发来消息，服务器将接收到 readyRead() 信号，并调用槽函数 readyReadFun() 处理接收到的消息（第 13 行）。如果客户端发来的是断开连接信号，则服务器端调用槽函数 disconnectedFun() 处理断开连接的操作（第 15 行）。

```
01 //MyChatServer 项目中 widget.h
02 // ……
03 private:
04     QTcpSocket *m_Client;// 某一个客户端 Socket 指针
05 private slots:
06     void readyReadFun();
07     void disconnectedFun();
```

```
01 //MyChatServer 项目中 widget.cpp
02 // ……
03 void Widget::buildNewConnection(){
04     // 返回挂起的连接作为连接的 QTcpSocket
05     m_Client = m_server->nextPendingConnection();
06     // 将新的连接追加到客户端列表中
07     m_List_Clients.append(m_Client);
08     // 获取客户端的 IP 地址和端口号
09     QString socketIpAddress = m_Client->peerAddress().toString();
10     int port = m_Client->peerPort();
11   ui->listWidget_info->addItem( " 已连接 "+socketIpAddress+":"+QString::number(po
     rt));
12     // 如果接收到客户端的 readyRead() 信号，表示
```

```
    connect(m_Client, SIGNAL(readyRead()),this,SLOT(readyReadFun()));
    // 如果接收到客户端的断开连接信号，调用断开连接函数
    connect(m_Client, SIGNAL(disconnected()),this,SLOT(disconnectedFun()));
}
```

#### 6.3.2.4 服务器端处理客户端断开连接请求

当需要和某个客户端 m_Client 断开连接时，服务器端有两项工作要做。一是需要维护客户端的列表，将断开连接的客户端和用户名从 m_List_Names 中删除，将该客户端的套接字从 m_List_Clients 中移除（第 11 至 16 行）。二是将客户端离开的消息显示在 UI 的 listWidget_info 中（第 08 行）。

```
01 //MyChatServer 项目中 widget.cpp
02 // ……
03 void Widget::disconnectedFun(){
04     // 客户端发起的 disconnect，服务器端需要维护客户端列表
05     QTcpSocket* client = qobject_cast<QTcpSocket*>(QObject::sender());
06     QString socketIpAddress = client->peerAddress().toString();
07     int port = client->peerPort();
08     ui->listWidget_info->addItem( " 断开连接： " + socketIpAddress + ":"
09         + QString::number(port));
10     // 调试示例：qDebug()<<m_List_Clients.count();
11     for (int i = 0; i < m_List_Clients.count(); i++){
12         QTcpSocket* temp = m_List_Clients.at(i);
13         if(client == temp){
14             m_List_Clients.remove(i);
15         }
16     }
17     qDebug()<<"In discFun"<<m_List_Clients.count()<<","<<m_List_Names->count();
18 }
```

#### 6.3.2.5 服务器端接收客户端信息

当需要接收客户端的信息时，readyReadFun() 函数需要遍历客户端列表，读取每个客户端发来的数据。数据的解析需要考虑多种情况。

---

对于第 i 个客户端，是否读取到内容：

→ 没有读取到任何数据则转向下一个客户端。

→ 读取到数据则根据规则解析：

→→ 如果数据以“MEMBER”开头，表示用户登入或登出：

如果紧接着“IN”，表示用户登入，则将此客户端姓名追加到原有的客户端姓名列表中。

如果紧接着“OUT”，表示用户登出，则将此客户端姓名从原有的客户端姓名列表中移除。

向所有客户端群发更新后客户端姓名列表，为了辨识，消息前加上“NAME”。

→→ 如果数据以“UNI”开头，表示发送客户端有单聊需求：

在客户端 socket 列表中找到目标客户端的 socket，只向该目标 socket 转发数据。

→→ 如果数据以“MULTI”开头，表示发送客户端有群聊需求：

在客户端 socket 列表中遍历除当前客户端之外的其他客户端的 socket，并转发数据。

→→ 将数据和内容显示在 UI 的 listWidget_info 中。

---

为了方便处理数据，上面的“MEMBER”“IN”“MULTI”等字段均为人为设计的标记字段，这些标志字段以“@”分隔，且被放置于数据的最前端。上面思路的实现如下：

```
//MyChatServer 项目中 widget.cpp
// ……
void Widget::readyReadFun(){
   QString data=NULL;
   QTcpSocket* current = nullptr;
   // 循环客户端列表，读取每个客户端发来的内容，显示在 info 中
   for (int i = 0; i < m_List_Clients.count(); i++)
   {  current=m_List_Clients.at(i);
      if (current->isOpen() && current->isReadable())
      { data=current->readAll();
        if(data.isEmpty()) continue;// 如果没有读取到内容，转去读取其他客户端内容
          // 如果读取到内容，需要解析
         QStringList dataList=data.split(“@”);
        if(dataList.first()==”MEMBER”){// 维护成员姓名列表，登入则追加，登出则移除
             if(dataList.at(1)==”IN”)
                m_List_Names->append(dataList.last());
             else if(dataList.at(1)==”OUT”)
                m_List_Names->removeOne(dataList.last());
             // 群发成员列表
```

```
            QString names=m_List_Names->join(“@”);
            names=”NAMES@”+names;
            for (int i = 0; i < m_List_Clients.count(); i++)
            {// 循环客户端列表，将用户姓名列表发给其他所有客户端
        if (m_List_Clients.at(i)->isOpen() && m_List_Clients.at(i)->isWritable())
         { QTcpSocket* temp = m_List_Clients.at(i);
          temp->write(names.toUtf8());
            }
            }
         }
         else  if(dataList.first()==”UNI”){// 如果是新消息，则需要转发出去
            // 循环客户端列表，查找目标 Socket
            for (int i = 0; i < m_List_Names->count(); i++)
            {  QString tmpName=dataList.at(1);
               if(m_List_Names->at(i) != tmpName)  continue;
               QTcpSocket* temp = m_List_Clients.at(i);
       if (m_List_Clients.at(i)->isOpen() && m_List_Clients.at(i)->isWritable())
               {   temp->write(dataList.last().toUtf8());
                  // 向名字对应的 Socket 的客户端转发消息
               }
            }
         }
         else if(dataList.first()==”MULTI”){
            // 循环客户端列表，将读取的内容发给除了自己之外的其他所有客户端
            for (int i = 0; i < m_List_Clients.count(); i++)
            {
       if (m_List_Clients.at(i)->isOpen() && m_List_Clients.at(i)->isWritable())
               {
                  QTcpSocket* temp = m_List_Clients.at(i);
                  if(current == temp) continue;
                  else
                     temp->write(dataList.last().toUtf8());
               }
```

```
                }
            }
            /* 解析结束 */
            ui->listWidget_info->addItem(data);// 将内容显示在 UI 中
            break;
        }
    }
}
```

至此，服务器端的基本功能已经全部实现了。

> **提示**
>
> Qt 的 debug 目录下的可执行文件是能够单独运行的，这样将十分方便我们进行多个客户端之间通信的调试。如果生成的 exe 不能运行，提示缺少“*.dll”，请将 Qt 安装目录的 bin 文件夹加入系统环境变量的 Path 中，如“C:\ Qt\ 6.2.0\ mingw81_ 64\bin”。如果此时还有缺少 dll 的提示，请将该条目录上移，保证该目录位于其他软件的 Qt 库目录之前。

## 6.3.3　客户端功能实现

### 6.3.3.1　与服务器连接

客户端首先要和服务器端进行连接。因此，客户端首先需要实例化 QTcpSocket 类（MyChatRoom 项目中 widget.cpp 的第 07 行），并设定好服务器端的 IP 地址（widget.cpp 的第 08 行）。同时，客户端需要准备自己的 IP 地址，这里使用默认端口号（widget.cpp 的第 09 至 16 行）。之后就可以通过点击“登录”按钮连接至服务器端了。本例中点击“登录”按钮对应的槽函数为 slt_LogIn() 函数，声明于 MyChatRoom 项目中 widget.h 的第 10 行。

```
01 //MyChatRoom 项目中 widget.h
02 #include <QTcpSocket>
03 #include <QHostInfo>
04 #include <QMessageBox>
05 #include<QDateTime>
06 #include <QRandomGenerator>// 产生随机用户编号
```

```
#include <QNetworkInterface>
// ……
private slots:
    void slt_LogIn();
private:
    QHostAddress m_c_ip;// 客户端地址
    QTcpSocket *m_c_socket;// 客户端 socket 指针
```

```
//MyChatRoom 项目中 widget.cpp
// ……
Widget::Widget(QWidget *parent)
    : QWidget(parent)
    , ui(new Ui::Widget)
{
    m_c_socket = new QTcpSocket(this);
    ui->lnEdt_IP_Sever->setText(“10.198.115.15”); // 指定服务器地址
    QList<QHostAddress> ipList = QNetworkInterface::allAddresses();
    for(int i = 0;i<ipList.size();i++)
    {  if(ipList.at(i).isNull())   continue;         // 如果地址为空，则去掉
       QAbstractSocket::NetworkLayerProtocol protocol = ipList.at(i).protocol();
       if(protocol != QAbstractSocket::IPv4Protocol)  continue; // 只取 IPV4 的地址
       m_c_ip=ipList.at(i);
       break;
    }
    /* 登录按钮点击的槽函数 */
    connect(ui->pBtn_login,SIGNAL(clicked()),this,SLOT(slt_LogIn()));
}
```

当客户端登录按钮被点击时，slt_LogIn() 函数首先需要判断客户端有没有输入姓名，没有用户名被认为是错误的。之后，需要根据连接状态分情况进行处理。思路如下：

UI 中的 lnEdt_Name_Client 有无内容：

→ 没有则退出程序运行。

→ 将 lnEdt_Name_Client 中的用户名显示在窗口标题。

判断是否为非连接状态：

→→ 是，则进行连接。具体的：

准备服务器端的 IP 地址和端口号。

连接到服务器端，连接成功则会发射 connected() 信号。

接收到 connected() 信号则调用槽函数 slt_socketConnect() 进行后续处理。

向服务器发送“MEMBER@IN”+ 用户名。

→→ 否，则表示之前已经连接了，当前操作为断开连接。具体的：

向服务器发送“MEMBER@OUT”+ 用户名。

关闭当前套接字。

如果接收到 disconnected() 信号，调用槽函数 slt_LogOut () 进行后续处理。

→ 随时准备接收 readyRead() 信号，一旦有数据接收，调用 slt_socketReadyRead() 槽函数进行后续处理。

slt_socketConnect() 的主要作用是将“登录”按钮的文字由“登录”修改为“离开聊天室”，并将连接状态标记设定为 true，以表示处于连接状态；slt_LogOut() 的主要作用是将“离开聊天室”重新修改为“重入聊天室”，并将连接状态标记设定为 false。此部分对应的实现代码如下：

```
//MyChatRoom 项目中 widget.h
private slots:
    void slt_LogOut();
    void slt_socketConnect();
    void slt_socketReadyRead();
private:
    bool flg_socketState=false;
```

```
//MyChatRoom 项目中 widget.cpp
void Widget::slt_LogIn()
{   if(ui->lnEdt_Name_Client->text().isEmpty()){
        QMessageBox::warning(this," 错误 "," 请输入用户名 ");
        return;
    }
    this->setWindowTitle("Client:"+ui->lnEdt_Name_Client->text());
```

```
    if(!flg_socketState){ // 非连接状态
        QString serverIP=ui->lnEdt_IP_Sever->text();
        quint16 severPort=5000;
        /* 客户端连接到服务器端，连接成功则发射 connected() 信号 */
    m_c_socket->connectToHost(
serverIP,severPort,QIODeviceBase::ReadWrite,QAbstractSocket::IPv4Protocol);
        /* 套接字连接好后，调用 slt_socketConnect 函数 */
        connect(m_c_socket,SIGNAL(connected()),this,SLOT(slt_socketConnect()));
        if(m_c_socket->isOpen() && m_c_socket->isValid())
        {
            /* 信令类数据 */
            QString InfoStr  = ui->lnEdt_Name_Client->text();
            InfoStr="MEMBER@IN@"+InfoStr;
            m_c_socket->write(InfoStr.toUtf8());
        }
        else{
            QMessageBox::warning(this," 错误 "," 连接服务器时出现错误 !");
            return;
        }
    }
    else// 已经连接状态，上次按钮文字已经更改为 " 退出登录 "
    {  /* 信令类数据 */
        QString name=ui->lnEdt_Name_Client->text();
        name="MEMBER@OUT@"+name;
        if(m_c_socket->isOpen() && m_c_socket->isValid())
       m_c_socket->write(name.toUtf8());
        /* 关闭套接字，发射 disconnected 信号，进入 unconnectedState 状态 */
        m_c_socket->disconnectFromHost();
        /* 如果接收到 disconnected 信号，取消和服务器的连接 */
        connect(m_c_socket,SIGNAL(disconnected()),this,SLOT(slt_LogOut()));
    }
    connect(m_c_socket, SIGNAL(readyRead()), this, SLOT(slt_socketReadyRead()));
```

```
}
void Widget::slt_socketConnect()
{  ui->pBtn_login->setText("离开聊天室");
   flg_socketState=true;
}
void Widget::slt_LogOut()
{   ui->pBtn_login->setText("重入聊天室");
   flg_socketState= false;
}
```

#### 6.3.3.2　向服务器发送信息

接下来我们处理客户端的发送消息功能。当客户端应用程序的“发送”按钮被点击时，槽函数 slt_send() 被调用，这表示客户端会发送群聊消息或单聊消息。对于 C/S 通信模式而言，无论是哪种消息，都需要通过服务器端帮助转发至目标客户端。也就是说，slt_send() 函数需要将消息发送到服务器端，由服务器端根据目标客户端进行转发，这一点在 6.3.2 节的服务器实现的思路中已经有所体现。因此，此函数的实现思路如下：

---

获取系统时间，用于显示在 UI 中。

获取客户端用户名和消息，并确保其不为空。

→ 如果用户选择单聊：

　　获取 UI 中 lstW_List_Members 的选择，将待发送的数据设定为“UNI@ 目的地 @ 当前用户名 @ 消息”。

→ 如果用户选择群聊：

　　将待发送的数据设定为“MULTI@ 当前用户名 @ 消息”。

　　通过套接字向服务器端发送准备好的数据。

　　清空本地发送消息框 txtEdt_ClientMessage。

　　将发送记录添加至消息列表 lstW_List_Message 中。

---

为了区分发出的消息和接收到的消息，还可以将发送数据字符串的颜色设定为蓝色，将接收数据字符串的颜色设定为红色。

上面思路的实现代码如下：

```
//MyChatRoom 项目中 widget.h
connect(ui->pBtn_SendMessage,SIGNAL(clicked()),this,SLOT(slt_send()));
```

```
//MyChatRoom 项目中 widget.cpp
void Widget::slt_send(){
QString dateTime=QString(QDateTime::currentDateTime().toString(“yyyy.MM.dd hh:mm:ss”));
  /* 当点击发送按钮，将文本框内的消息发送到服务器 */
 QString name = ui->lnEdt_Name_Client->text();
 QString message = ui->txtEdt_ClientMessage->toPlainText();
 if(message==””){
    QMessageBox::warning(this,” 错误 ”,” 无法发送空白消息 !”);
    return;
 }
  QString data=name+”: “+message; // 将当前用户名置于消息之前
  if(ui->btnGrp_SorB->checkedId()==0) {// 单聊被选择
     QString destName=ui->lstW_List_Members->currentItem()->text();
     data=”UNI@”+destName+”@”+data;
  }
  else if(ui->btnGrp_SorB->checkedId()==1) // 群聊被选择
     data=”MULTI@”+data;
  m_c_socket->write(data.toUtf8());// 本地 GBK 转 Unicode 解决乱码
  ui->txtEdt_ClientMessage->clear();// 清空本地输入框
  ui->lstW_List_Message->addItem(dateTime+”:”);// 向本地消息列表增加内容
  message=”Me: “+message;
  QListWidgetItem *item=new QListWidgetItem(message);
  ui->lstW_List_Message->addItem(item);
  item->setForeground (Qt::blue );// 发送的文字显示蓝色
}
```

#### 6.3.3.3　接收服务器信息

客户端还会接收到由服务器转发得到的其他客户端的数据，因此需要槽函数 slt_socketReadyRead() 进行处理。处理思路如下：

通过当前套接字读取所有内容：
→ 如果数据不为空：以“@”为分隔符对数据进行切割，
　　→→ 如果第一个字段是“NAME”，表示为信令消息：
　　　清空 UI 的成员列表；
　　　将接收到的成员列表显示在 UI 的成员列表中。
　　→→ 否则是消息数据，
　　　获得系统时间；
　　　将系统时间置于数据之前；
　　　将接收到的数据字符串的颜色设定为红色，显示在 lstW_List_Message 中。

上述思路的实现代码如下：

```
//MyChatRoom 项目中 widget.cpp
// ……
void Widget::slt_socketReadyRead(){
    QString data=m_c_socket->readAll();
    if(!data.isEmpty())// 如果是空数据，什么也不做
    {   QStringList dataList=data.split(“@”);
       if(dataList.first()==”NAMES”){// 可能是成员列表更新
          ui->lstW_List_Members->clear();// 清空旧的列表
          for(int i=0;i<dataList.count()-1;i++)
          { QString name=dataList.at(i+1);
             if(name==ui->lnEdt_Name_Client->text())
                name=name+”(me)”;// 自己
             ui->lstW_List_Members->addItem(name);
          }
       }
       else{// 否则是消息
          QString dateTime = QString(QDateTime::currentDateTime().
          toString(“yyyy.MM.dd hh:mm:ss ddd”));
          ui->lstW_List_Message->addItem(dateTime+”:”);
          QListWidgetItem *item=new QListWidgetItem(data);
          ui->lstW_List_Message->addItem(item);
          item->setForeground (Qt::red );// 接收的文字显示红色
       }
    }
}
```

至此，本例中的服务器和客户端可以进行相互通信了，多个客户端之间也可以进行单聊或群聊通信，效果如图 6–8 所示。

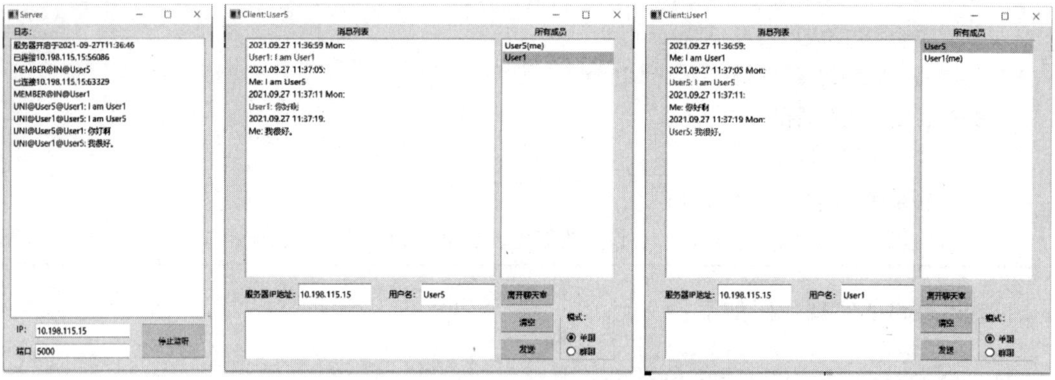


(a) 服务器端　　(b) 客户端 1　　(c) 客户端 2

**图 6–8　聊天室效果展示**

## 6.4　思考与练习

1. C/S 模式和 B/S 模式分别指什么？两种模式有什么区别？

2. TCP/IP 协议是什么？说明 TCP 和 UDP 在其中的作用和特点。

3. 本章使用的 QList 和第 5 章中使用的 QVector 分别指什么？二者的特点分别是什么？

4. 完成本章中的“网络聊天室”项目，思考该项目还有哪些可以优化的地方。